KB178499

몬테소리
감정의 기술

EMOZIONI

copyright © 2020 CHIARA PIRODDI

WS White Star Publishers ® is a registered trademark property of White Star s.r.l.

© [2020] White Star s.r.l.

Piazzale Luigi Cadorna, 6

20123 Milan, Italy

www.whitestar.it

Korean translation copyright © [2021] Firestone

This Korean translation edition published by arrangement with White Star s.r.l. through LENA Agency, Seoul.

All rights reserved.

이 책의 한국어판 저작권은 레나 에이전시를 통한 저작권자와의 독점계약으로 파이어스톤이 소유합니다.

신저작권법에 의하여 한국 내에서 보호를 받는 저작물이므로 무단전제 및 복제를 금합니다.

아이의 마음을 알아가는 공감 놀이

몬테소리 감정의 기술

키아라 피로디

우미정 옮김

파이어스톤

몬테소리 교육을 이해하기 위해, 수없이 많은 책들을 도서관에서 찾아 읽었던 시간을, 그때 연필로 밑줄을 치며 읽었던 문장들을 곱씹게 만든 책. 이 책 한 권이면 몬테소리 교육이 무엇인지, 특히 몬테소리 교육 기반으로 감정을 어떻게 다뤄야 할지 '쉽게' 알 수 있다. 무엇보다 아이들과 감정의 교류와 함께하는 시간이 많은 주양육자가 읽기를 권한다. 이 책을 읽으면 나의 아이뿐만 아니라 세상의 아이들과도 건강한 감정 교류가 가능해지지 않을까 기대해본다. 어떤 위치에 있든지 말이다.

_이현정(《세상에서 가장 힘이 센 말》 그림책 작가)

* * *

그 어느 때보다도 '감정'에 대한 중요성이 부각되는 시기이다. 다양한 매체를 통해 감정에 대한 관심과 교육이 난무하고 있으나 이제는 패러다임의 변화가 필요하다. 감정은 교육되기 이전에 경험되는 것이고, 그것을 우리는 '감정 이해하기'와 '감정 조절하기'라고 한다. 실제로 이 책은 이 두 개념을 어떻게 상호작용의 관계에서 발견하고 개발할 수 있는지 경험의 토대 위에서 친절하게 설명하고 있다. 아이들을 만나는 현장에 있는 모든 분들과 부모들에게 이 책을 추천한다.

_김태우(아동학박사, 부모교육전문가)

* * *

집에서 지내는 상황이 많아진 요즘입니다. '내 아이와 어떻게 놀아줄까~' 고민하지 말고 이 책《몬테소리 감정의 기술》을 펼쳐보세요. 엄마와 아이의 감정을 지켜주는 '비밀의 레시피'가 숨겨져 있어요.

_김지영(아동청소년 전문가)

지금도 나와 아이의 감정이 여전히 어렵고, 어떻게 다뤄야 할지 막막한 분들에게 감정의 오아시스 같은 책입니다. 내 아이의 눈높이에서 감정을 깊이 이해하고, 소중히 다루는 데 중요한 마중물이 될 《몬테소리 감정의 기술》을 애정 어린 마음으로 추천합니다.

_박지현(아동교육 선생님)

* * *

아이가 태어나 6개월이 되었을 때부터 몬테소리 수업을 듣고 교구를 들인 엄마이지만, 몬테소리 방법으로 아이의 감정을 읽어주고 아이가 감정을 표현할 수 있게 도와줘야 한다는 건 미처 몰랐다. 그동안 차만 타면 내려달라고 보채는 아이의 마음을 몰라주고 억지로 목적지에 가곤 했는데 내일 당장 아이의 마음을 읽어주고, 아이와 함께 평온함의 병, 안정감을 주는 이불을 만들어 보아야겠다.

_배지영(다온 엄마)

* * *

아이들을 만나 소통하면서 가장 힘들었던 부분이 아이들의 감정을 컨트롤하는 것이었다. 감정 조절이 어려운 아이는 사회성 부분에서도 많은 어려움을 겪고 있었다. 이럴 경우 '자신을 믿는 힘'과 '자존감'까지 부족해지는 사례를 종종 보았다. 하지만 부모들은 아이의 문제점들이 어디서부터 오는 것인지 잘 알지 못한다. 이 책을 통해 '감정교육'이 모든 부모와 아이들에게 필요하다는 걸 깨달았다. 내가 만났던 그 힘들었던 아이들에게 이 책을 선물하고 싶다.

_이수경(아동교육 선생님, 은찬 은호 엄마)

* * *

코로나로 인해 아이와 보내는 시간이 많아질수록, 아이와 부딪히는 시간이 더 많아졌어요. 그때마다 '우리 아이는 지금 어떤 생각을 가지고 있을까' 답답하고 궁금할 때가 많았는데, 이 책에 나온 재미있는 놀이를 함께하며 자연스럽게 아이의 마음을 알 수 있게 되었어요. 저도 저의 마음을 아이에게 좀 더 쉽고 재미있게 표현할 수 있어서 그 점이 매우 좋았습니다. 그리고 감정을 다스리는 방법도 놀이로 쉽게 표현할 수 있어서, 아이뿐만 아니라 엄마인 저의 감정 컨트롤에도 도움이 되는 것 같습니다.

_김보경(윤서 민서 엄마)

들어가며

마리아 몬테소리(Maria Montessori)는 감정 교육이 아이의 사회성과 밀접한 관련이 있다고 믿었습니다. 아이의 감정이 사람들과의 관계 속에서 표현되기 때문입니다.

아이가 흥미로운 감정 언어를 배우는 과정에서 안내자이자 롤모델은 어른입니다. 어떻게 하면 아이나 어른이나 감정의 기복에 사로잡히지 않고 이 과정을 해낼 수 있을까요?

이 책은 부모가 자녀에게 섬세하게 감정 교육을 할 수 있도록 수월한 방법을 알려주고자 아이들을 위한 풍부하고 다양한 활동과 게임을 제안합니다. 그리고 감정에 이름을 붙이고, 인식하고, 표현하고, 조절하는 방법을 배우는 데 바로 사용할 수 있도록 자료를 준비했습니다. 몬테소리 교육 방식으로 접근하기 시작해서, 부모가 직접 자신을 돌아보고 아이와의 상호작용을 통해 자신이 느끼는 감정을 확인하게 한 다음, 아이가 표현하는 감정을 읽고 그에 맞춰서 적절하게 반응할 수 있게 돕는 도구들을 제공합니다.

아이에게 감정 언어를 가르치면 자신감 있고, 타인을 존중하며, 인내심을 가진 성인으로 성장하게 됩니다.

책의 부록인 워크시트에 두 가지 영역으로 구분된 활동 자료가 있습니다.

첫 번째 영역에는 아이에게 감정 언어를 소개하고 각각의 감정이 얼굴과 몸을 통해 어떻게 표현되는지에 대해 이해를 돕는 활동들이 담겨 있습니다. 두 번째 영역에는 감정을 조절하기 위해 얼굴과 몸으로 감정을 표현하는 활동들이 포함되어 있습니다. 모든 활동은 과일, 돌멩이, 점토, 밀가루, 종이 같은 다양한 재료들을 사용하고 다뤄야 하는데 이것은 아이의 운동 기능을 훈련하고, 아이의 감각과 연계된 것입니다. 몬테소리 교육 철학에서 아이의 손은 세상과 자신을 발견하는 데 사용되는 중요한 도구입니다.

차례

3장   감정 조절하기

"아이의 행복이야말로
우리의 교육법이 옳다는 증거다."

마리아 몬테소리

마리아 몬테소리에 대하여

마리아 몬테소리는 매우 지적이고 감수성이 풍부하며 결단력 있는 여성이었으며, 인간의 관계성을 개선하기 위해 노력했습니다. 탁월한 신경정신과 의사이자 교육학자, 인류학자, 철학자였던 몬테소리는 많은 철학 이론이 종식되었던 1800년대 말의 깊은 어둠에 빛을 비추었습니다. 그녀는 교육학 분야에서 문화 혁명의 선구자였고, 가정과 학교 모두에서 전통적인 아동 교육의 개념을 완전히 뒤집었습니다.

마리아 몬테소리는 1870년 8월 31일, 안코나(Ancona)라는 도시의 키아라발레(Chiaravalle)에서 한 중산층 가톨릭 가정에서 태어났습니다. 어린 시절과 청소년기를 플로렌스와 로마에서 보내면서 과학과 의학을 공부했습니다. 그녀는 의학 분야에서 박사 학위를 받은 최초의 여성이었습니다.

그녀는 여러 콘퍼런스에서 정신 장애를 가진 아동 교육에 관한 자신의 이론을 강연했는데 1906년에 카사데이밤비니(Casa dei bambini)라는 최초의 어린이집을 열고 그 이론을 실제로 실천할 수 있는 기회를 갖게 되었습니다. 그곳은 로마 그리고 나중에는 밀라노의 아파트에 사는 노동자 계급 가정의 아이들을 위한 어린이집이었습니다.

그녀는 어린이집의 경험을 통해, 처음이지만 가장 중요한 저서인 《어린이집 아동 교육에 적용한 과학적인 교육학 방법(The Method of Scientific Pedagogy Applied to the Education of Children in the Children's Houses)》을 집필했습니다.

오랫동안 전 세계적인 성공을 거둔 이 책은 혁신적인 개념과 혁신적인 방법을 소개했습니다. 책에는 체계적인 재료를 통한 감각 교육, 아이의 자율성에 대한 배려, 아이들은 존중받아야 한다는 생각, 아이를 교육할 때 체벌과 보상을 이용하는 방법에 대한 철저한 반대가 담겨 있습니다. 읽기와 암기를 사용하는 전통적인 교육 방법과 달리 몬테소리 교육은 아동이 구체적인 도구를 사용해서 배우는 것을 권장하고 있고, 이는 훨씬 더 좋은 결과로 이어집니다.

이 책은 엄청난 성공을 거두며 몬테소리 교육 이론에 기초한 새로운 초등학교와 3세 미만 유아들이 처음 들어가는 어린이집을 세울 수 있는 길을 닦았습니다. 전 세계 교육자들은 몬테소리의 교육 철학에 관심을 보였고, 그녀의 책은 58개국에서 36개의 언어로 출간됐습니다.

몬테소리는 언제나 사회적·문화적 투쟁의 최전선에 있었고, 특히 하층민과 여성의 권리를 옹호했습니다. 그녀는 여성 해방과 평화 제창의 열렬한 지지자였고, 어떤 정치적인 입장도 취하지 않았습니다. 그녀는 정치 지도자들에게 혁신적인 해결책을 제안했

마리아 몬테소리는 생각이 깨어있고 다재다능한 과학자였고, 사회 문제에 적극적으로 참여했습니다.
그녀는 아이와 아이의 타고난 능력에 관심을 집중하며 교육학의 세계에 혁명을 일으켰습니다.

고, 사회를 개선하는 방법에 대한 토론이 열리게 했습니다. 처음에 그녀는 당시 이탈리아에서 부상하던 파시스트 정권의 호의를 얻었고, 그 덕분에 20개의 나폴리 초등학교에 몬테소리 교육 방법을 도입할 수 있었습니다. 심지어 무솔리니 정권의 교육 담당자이자 관념론 철학자였던 젠틸레의 유명한 '젠틸레 개혁(Gentile Reform)' 조차 몬테소리 교육 학교에서의 가능성을 받아들이고 그것을 채택했습니다. 로마와 나폴리에 교재 출판과 새로운 학교 설립, 학교에서 사용할 몬테소리 교재 제작, 몬테소리 교육자를 위한 훈련 조직을 목적으로 한 기관인 '몬테소리 소사이어티(Montessori Society)'가 세워졌습니다.

그렇지만 1차 세계대전이 발발하면서 몬테소리의 꿈도 무너졌습니다. 그녀가 주창하는 평등주의 원칙, 개인의 자유에 대한 존중, 평화의 메시지는 이탈리아와 독일에서 집권한 전체주의 정권에 부합하지 않았습니다. 몬테소리는 그녀의 아들과 함께 스페인으로 도피했고 그곳에서 자신의 생각을 계속 책으로 출간했습니다. 하지만 1936년 스페인 내전이 일어나면서 그녀는 다시 도피해야 했습니다. 처음에는 영국으로, 그다음에는 네덜란드로, 마지막으로 1939년에는 인도로 도피했습니다. 1947년에 전쟁이 끝났을 때 그녀는 '몬테소리 소사이어티'를 다시 조직하고 몬테소리 학교들을 열기 위해 이탈리아로 돌아왔지만 그녀는 암스테르담에 계속 거주하면서 전 세계를 다녔습니다.

1952년 5월 6일, 그녀는 네덜란드의 노르트베이크 안 제이(Noordwijk aan Zee)에서 사망했습니다. 그녀의 묘비에는 다음과 같이 적혀 있습니다.

"나의 사랑하는 어린이들이 인류와 세계의 평화를 만드는 일에 나와 함께해주기를 소원합니다."

'카사데이밤비니(어린이집)'는 아이들이 임의로 마련된 재료를 사용해서 자유롭게 자신의 관심사를 시험해볼 수 있는 장소였습니다. 아이들은 부지런하고 활동적이고 행복했습니다. 아이들은 자발적으로 규칙을 지키는 모습을 보여주었고, 사회생활을 자유롭게 미리 경험해볼 수 있었습니다.

1장

몬테소리 교육법의
원리

새로운 교육학의 탄생

마리아 몬테소리는 과학적인 방법으로 새로운 교육학을 창시했으며 그 공로를 어디에서나 인정받고 있습니다. 실제 경험한 사례를 조사하고 수집된 자료를 직접 관찰했으며 이론에 대한 객관적인 검증을 마쳤습니다.

몬테소리는 생각과 행동을 통제하기 위해 인간의 본능을 억압하던 시대에 어린 시절을 보냈습니다. 이때의 거부감이 몬테소리가 전체주의 개념에 저항하고 인간 본성의 진정한 핵심에 목소리와 숨결을 불어넣고자 부단히 노력하도록 만들었습니다.

그녀는 아이가 어른과 상호작용하는 것을 인내심 있게 지속적으로 관찰하면서 우리가 얼마나 많은 실수를 하고 있는지 알게 되었습니다. 어른들의 실수는 언제나 아이들의 나쁜 행동이라는 결과를 낳았습니다. 학교는 아이들이 아닌 어른을 위한 것이었습니다. 학교 환경, 가구, 재료, 교수법은 모두 성인 중심의 관점에서 고안되었고, 아이들은 그것에 적응하고 따라야 했습니다. 교사들은 "아이의 창의적인 자발성을 숨막히게 만들었고" 아이의 의지를 잠재우고 사회의 표준에 맞게 만들고 있었습니다. 이것은 분명하게 아이의 행동과 감정 및 인지 수준에 부정적인 결과를 가져왔습니다.

몬테소리는 용기를 내어 당시의 사회적 흐름을 거슬러, 아이의 타고난 본성을 관찰했습니다. 그녀는 "교육의 목적은 인간의 타고난 심리적 능력이 발달할 수 있도록 지원하는 데 있다"고 믿었습니다.

그녀의 방식은 단순한 교수법이 아니었습니다. 아동의 전체적인 성장을 고려하는 진정한 총체적인 교육적 접근법이었습니다. 그녀의 교육적인 관찰은 아이가 태어나는 순간부터 시작됩니다. '어린 탐험가'는 '삶의 여정'을 떠나는 순간 이미 미래에 필요하게 될 기술을 가지고 있습니다.

신생아는 새롭게 정의되어야 하거나, 조각가에 의해 어떤 모습으로 '새겨져야 할' 필요가 없는, 이미 내재된 능력을 가진 자율적인 존재입니다. 아이는 아이의 타고난 역량을 발현시키는 데 필요한 안전한 공간을 제공하고 신뢰를 줄 수 있는 롤모델이 필요할 뿐입니다. 유아들은 "자기 스스로 어떤 일을 할 수 있도록 도움을 받아야 한다"고 필요성을 표현합니다. 이것은 아이를 신뢰와 낙관적인 태도로 대하고, 아이의 잠재력을 믿고, 그 잠재력을 충분히 꽃피우는 데 필요한 인내심을 아이에게 심어주는 것을 의미합니다.

아이는 '흡수하는 정신(absorbent mind, 유아가 주변을 자연스럽게 받아들여 배우는 능력_옮긴이)' 즉, 직접 경험을 통해 얻은 교훈을 빠르게 흡수하고, 그것을 자신의 행동에 적용하는 지적 능력을 가졌습니다. 아이에게 그들의 세상 속에 있는 사물과 여러 요소가 어떻게 작동하는지 길고 장황하게 설명할 필요는 없습니다. 그리고 어른의 관점으로 바라보며 아이에게 너

무 어렵다고 생각되는 일을 못하게 하고 대신해주는 것은 더욱 불필요합니다. 우리가 할 일은 아이의 연령에 적합한 안전한 재료들을 깨끗하고 안전한 환경에 놓아주는 것입니다. 그리고 아이의 손이 닿을 수 있는 항상 같은 자리에 배치해서, 아이가 자율적으로, 자신만의 속도로, 원하는 만큼 오랫동안 그것을 탐구할 수 있게 해주는 것뿐입니다.

그렇기 때문에 장난감을 바구니에 쌓아놓아 잊어버리는 대신 아이가 원할 때 언제든지 와서 가지고 놀 수 있도록 개방되고 낮고 잘 보이는 선반 위에 배치합니다. 장난감은 유형에 따라 분류해 두어서, 아이가 각 사물이 세상의 특정 공간을 차지하고, 현실이 분명하고 예상 가능한 범주로 분류되는 것을 알 수 있게 합니다. 이렇게 하면 아이는 장난감이 제자리에 있지 않거나, 깨지거나, 더러워졌을 때 불편한 감정을 느끼고, 장난감을 깨끗하게 잘 정리해서 보관해야겠다고 결심합니다. 왜냐하면 아이가 현실에서 그것을 배웠고, 그것을 자신의 삶에서 언제나 재현하려고 하기 때문입니다.

침대는 아이가 피곤하거나, 휴식이나 잠이 필요할 때 언제든지 올라갈 수 있도록 낮은 높이에 배치합니다. 옷은 아이의 키 높이의 서랍에 넣어서 아이가 옷을 입는 올바른 순서를 배울 수 있게 합니다. 아이는 옷 입는 것을 해보고 싶을 때마다 그 활동에 도전할 수 있습니다. 부엌도 마찬가지입니다. 아이의 키 높이에 맞는 탁자와 의자를 배치하고, 아이의 손에 맞는 수저, 포크, 나이프를 낮은 높이에 있는 서랍에 배치해서 식탁을 차리거나 치우고, 스스로 음식을 먹고, 설거지(받침대를 놓아서 싱크대와 키 높이를 맞춰줍니다)를 도울 수 있게 합니다. 이런 방식은 아이가 적절한 수준에서 자신을 돌보는 것을 책임지게 함으로써 가정생활과 학교생활에서 아이를 꼭 필요한 존재가 되게 해줍니다. 아이는 손으로 어떤 일을 하는 기술과 문제해결 능력 그리고 강한 자신감을 발달시키는데, 이것은 어른이 하는 것과 같은 행동을 자신도 할 수 있다는 것을 확인하기 때문입니다.

자신이 세상에 꼭 필요한 한 부분이고, 가치 있는 사람이고, 타인이 자신의 이야기를 들어준다고 느낄 때 아이들은 마침내 자신의 필요에 대해 자유롭게 표현할 수 있게 됩니다.

항상 아이들 곁에 있는 부모나 어른은 누구도 대신할 수 없는 필수적인 안내자이자 롤모델입니다. 아이의 자발적인 행동 과정을 지켜보는 주의깊은 관찰자로서, 아이가 장애물을 만날 때마다 길을 안내하고, 방향을 알려주고, 격려하고, 위로해줘야 합니다. 어른의 개입은 신중하고, 조심스럽고, 아이의 속도를 존중해야 하며 결코 아이의 영역을 침범하거나, 억제하거나, 미리 짐작하거나, 대신해주지 않아야 합니다.

아이는 성장하면서 특정한 범주의 자극에 민감성이 증가하는 단계를 거칩니다. 몬테소리는 이것을 '민감기(sensitive periods)'라고 불렀습니다. 그것은 완전히 본능적이고 통제를 초월하는 것으로, 아이가 환경 속에서 특정 자극과 요소를 더욱 잘 받아들이는 일종의 자연스러운 본성을 나타냅니다. 이 시기에 어른은 아이의 성장과 능력 계발을 위해 아이가 더 크게 반응을 보이는 자극을 제공해주어야 합니다.

몬테소리의 교육에서는 아이의 학습 과정을 이론

적인 것이 아닌 실제적인 것으로 봅니다. 아이는 직접 실험해보며 특정 재료의 물리적·기능적 특성을 배웁니다. 직접 경험해보고, 실수하고, 스스로 교정하고, 감각을 탐구하면서 그들은 매일매일 세상이 어떻게 만들어졌는지 배웁니다. 아이가 언어적이고 추상적인 설명이 아니라 실제적이고 감각적인 탐험을 통해 얻은 개념은 더욱 명확하고, 견고하고, 정리된 모습을 갖게 됩니다.

아이가 자신의 관심사를 자유롭게 선택할 수 있도록 하면 학습은 그가 있는 환경에서 직접 경험을 통해 자발적으로 생기는 자연스러운 과정입니다. 몬테소리는 자유와 발달이 분리될 수 없는 것으로 봅니다. 모든 아이가 선천적으로 지니고 있지만, 종종 어른의 개입으로 인해 억압받는 '창의성'을 발달시키는 데 자유는 꼭 필요한 것입니다. 아이의 '책임감'은 자유로부터 옵니다. 아이는 어떤 활동을 할 때 자신이 그 활동의 주체가 되는 것 그리고 자신의 동작과 결과에 대해 책임이 있다는 것을 배웁니다. 그러한 책임감은 훈육을 위한 기초가 됩니다. 몬테소리 교육에서 아이는 자유로운 탐험가이지 훈육이나 규칙 없이 제멋대로인 존재가 아닙니다. 몬테소리 교육 프로젝트는 아이의 출생으로부터 성인(대략 24세)이 되기까지 삶의 단계별로 신체적·정서적·지적 특성을 고려하는 인간에 대한 전체적인 접근 방식을 기반으로 만들어졌습니다. 마리아 몬테소리는 인간의 발달에 대한 4가지 주요 단계를 각 단계의 특성을 가지고 정확히 짚었습니다.

몬테소리 교육의 인간 발달 4단계

1. 0~6세: 흡수하는 정신

유아기는 아동의 개인적인 성격이 형성되고 스펀지처럼 주변의 모든 것을 흡수하며 상황에 대한 민감성을 고도로 갖게 되는 시기입니다. 0세에서 6세의 연령대에 반드시 필요한 것은 자율성을 기르는 것입니다. 아동은 하고 싶은 일을 스스로 하고 신체적인 자율성을 추구합니다. 성인의 역할은 생활 속에서 일어나는 모든 활동을 용이하게 해서, 아동이 자신과 주변 환경을 돌보는 것을 배움으로써 그 목표에 이르도록 돕는 것입니다.

2. 6~12세: 지능의 구축

이 시기는 아동이 학교에서 공부하는 것처럼 보다 구조화된 학습을 경험하고 처음으로 생각을 논리적으로 연결할 수 있는 충분히 준비된 아동기입니다. 다시 말하면 아동은 스스로 생각하고 지식에 대한 갈망을 갖게 되는 시기입니다.

이 단계에서는 구체적인 사고에서 추상적인 사고의 단계로 이동하는 것을 볼 수 있습니다. 아동은 상상의 세계에 매료되어 이야기를 만들고 환상을 펼치기 시작합니다. 이 단계에서 아동은 자율적으로 사고하기 원하고 지적인 독립을 추구합니다. 따라서 과학과 자연 속에서 경험을 통한 자극이 필요합니다.

3. 12~18세: 사회적 자아 구축

이 시기는 청소년이 지적인 영역과 감정적인 영역 모두에서 자신의 정체성을 탐색할 때 폐쇄적이고, 특이하고, 불안정하고, 감정적이 되는 청소년기입니다. 그들은 가족 외의 집단에 대한 소속감을 갖고 싶어 합니다. 또 도덕적 양심이 성숙해서 사회적·윤리적 가치를 더욱 중요하게 생각합니다.

4. 18~24세: 자신에 대한 이해 구축

청년기에는 양심과 자신과 세상에 대한 생각이 발달합니다. 목표와 철학을 수립하고 재정적인 독립을 추구하는 시기입니다.

감정에 관한 과학적인 접근

몬테소리 교육의 철학은 아이의 '감정을 다루는 기술(emotional skill)' 발달의 중요성에 대한 가장 선구적이고 최신의 심리학 이론이기도 합니다.

몬테소리는 감정 교육과 감정을 다루는 기술에 대해 구체적으로 언급하지는 않았습니다. 자신의 책에서도 아이의 감정 표현을 도와줄 수 있는 자료를 실제적으로 제시하지도 않았습니다.

아이들을 진정시키거나 분노를 가라앉히는 어떤 방법도 나오지 않습니다. 몬테소리 교육학은 주로 학교 교육에서 가르치는 내용과 가르치는 법(teaching, 교수법)에 대한 내용을 다루고 있습니다. 그것은 글자, 숫자, 모양, 분류 방법, 자료를 분류하는 방법을 배우는 것에 중점을 두고 있습니다.

하지만 이면을 들여다봐야 합니다. 마리아 몬테소리는 책에서 계속 감정에 대해 이야기합니다. 그녀의 어린 탐험가들에 관해 말할 때마다. 그녀가 연구 기간에 만난 아이와 부모 그리고 교사에 대한 일화를 이야기할 때마다. 그녀는 인간관계에서 감정의 교감이나 억압된 욕구에 대해 많은 것을 시사하고 있습니다. 이 모든 것들은 감정 반응을 유발하고 아이의 행동을 촉발합니다.

학교, 환경, 일과, 자료 그리고 교사와의 상호작용이 어떻게 이뤄졌는지를 설명할 때, 아이의 삶의 세세한 부분까지 배려하는 것을 넘어, 그녀는 감정 조절의 중요한 구성요소인 심리적 공간, 수용하는 시선, 경청, 기다림, 판단의 보류, 타인의 행동 표현에 대한 존중을 이야기합니다.

예측하지 않고, 아이에게 주도권을 주고, 기다려주는 것을 제안할 때, 몬테소리는 아이를 부모의 어떤 부분이 투사된 존재가 아니라 아이 그 자체로 바라볼 수 있는 마음의 여유를 갖게 합니다. 그럴 때 우리는 아이를 위한 마음의 공간을 마련하고, 그 속에서 아이의 감정뿐만 아니라 감정을 표현하는 방식에 대해서도 자연스럽게 여유를 가질 수 있습니다.

비록 아이가 실수를 하더라도 스스로 할 수 있는 일을 대신해주지 않는 것의 중요성을 설명하면서, 몬테소리는 우리에게 아이의 즐겁고, 분명하고, 부드러운 모습뿐 아니라 힘들고, 어수선하고, 짜증을 내는 모습까지도 받아들일 수 있는 관용의 가치를 가르쳐줍니다. 몬테소리는 아이의 파괴적이고 시끄럽고 무질서한 감정도 받아들이라고 조언하면서, 그러한 수용 속에 있을 때 아이의 감정은 보다 부드러운 모습이 될 수 있다고 말합니다. 그녀는 우리에게 아이가 무엇인가를 만들고, 새로운 것을 창안하고, 생각에 형태를 부여하도록 신체를 사용하고, 세상을 탐구할 때 손을 사용하게 하라고 권합니다. 그것은 아이가 창의

적인 활동을 하고, 몸을 움직이며 감정을 해소하고, 정신 집중을 통해 감정 통제를 돕는 중요한 전략을 우리에게 알려주는 것입니다.

몬테소리가 어린아이와 좀 더 큰 아이가 함께 활동하며 서로 관찰하고, 서로에게 배우고, 다른 사람의 필요를 존중하는 법을 배울 수 있는 연령 혼합반의 중요성을 이야기할 때, 그것은 공감 능력, 즉 다른 사람의 입장이 되어 보고, 다른 사람의 관점을 인정하고, 다른 사람의 감정과 그들에게 도움이 필요한지 관심을 갖는 능력을 개발하는 일의 중요성을 강조하는 것입니다.

마지막으로 그녀는 아이를 "사랑의 교사"라고 정의

합니다. 아이는 가장 순수하고 절대적이며 진실한 사랑을 자신의 롤모델인 어른, 즉 부모에게 주기 때문입니다. 이로써 부모는 자신이 유일하고 대체불가능한 특별한 존재임을 느낄 수 있습니다. 몬테소리는 아이의 영혼이 순수하고 나쁜 의도가 전혀 없다는 것을 우리에게 가르쳐줍니다. 사랑하고 사랑받는 것이 모든 행복감과 자존감 그리고 자신감의 기초가 된다는 것을 다시 한번 깨닫게 합니다. 그녀는 우리에게 자녀와의 관계를 만들어가는 근간이 사랑이어야 한다고 강조하고 있습니다.

전반적으로 몬테소리 교육 철학에는 감정의 중요성에 대한 성찰로 가득합니다.

자신의 감정을 인식하고, 느끼고, 듣고, 그것에 이름을 붙이고, 표현할 수 있는 아이는 그다음 단계로 타인의 감정 역시 인식할 수 있고, 어른과 마찬가지로 어떤 상황에서도 타인과의 관계를 발전시키고 상호작용을 할 수 있습니다. 다시 말하면, 아이는 신체적·정신적으로 분명한 자립심을 가지고 성장할 것이고, 관계를 두려워하지 않으며, 진실하고 이타적인 영혼으로 자랄 것입니다. 건강하고 관대한 방식으로 서로 관계를 만들어가면서 아이와 어른은 몬테소리 교육학의 더 큰 꿈과 목표에 기여할 수 있습니다. 바로 평화라는 목표입니다.

아이의 눈높이

아이를 대하는 어른의 접근 방식에 있어 가장 중요한 원칙에 대해 마리아 몬테소리는 다음과 같이 말합니다.

"아이가 어떤 활동에 참여할 때 보이는 모든 자연스러운 표현의 방식을 존중하고 그들을 이해하기 위해 노력해야 한다."

"어떤 분야에서든, 아이들은 내면의 에너지를 활력이 넘치는 행동으로 표현한다. 하지만 아이들이 보여주는 다양한 표현 방식은 우리에게 완전한 미지의 세계다. 아이들의 활동에 대해 말할 때 우리는 우연히 목격했거나 관심을 두게 된 아이의 어떤 구체적인 행동을 떠올린다. 그것은 아마도 내면에서 해소되지 못하고 오래 억눌린 에너지로 인해 아이가 보인 어떤 바람직하지 않은 반응이나 심리적인 일탈이었을 것이다. 반면 어떤 활동에 대한 아이의 진정한 표현의 징후는 발견하기가 쉽지 않다. 우리는 아이의 내면에 있는 모든 선량함을 믿어주고, 사랑과 돌봄으로 그것을 알아볼 준비가 되어야 한다. 이것이 그들을 충분히 이해할 수 있는 유일한 방법이다."

몬테소리가 어린이집에서 아이들을 관찰했던 시선이야말로 그녀가 남긴 가장 중요한 유산 중 하나입니다. 그녀가 설립한 '어린이집(까사데이밤비니)'은 그 이름부터 기존 교육 시설들과 달리 특별합니다. 우리 모두에게 세상이 주는 무게를 털어내고 완전한 자유 속에서 숨 쉴 수 있는 안전하고, 따뜻하고, 환영받고, 안심이 되는 장소, 바로 '가정'의 이름을 따

서 지어졌기 때문입니다.

각 가정에서 아이는 고유하고 특별하며, 누군가의 기대를 충족시킬 필요도 없고, 어떤 선입견의 틀에 맞춰서 행동하지 않아도 됩니다. 아이는 계산되거나 측정할 수 있는 일련의 수량이 아닙니다. 그들은 자신만의 구체적인 특징을 가지고 있는 함께 조화롭게 살아가야 하는 존재입니다. 태어날 때부터 아이는 자신만의 성격과 정체성을 가진 능동적인 주체입니다. 그들은 보편적인 규칙과 가르침으로 채워져야 할 빈

그릇이 아니고 전문가나 자신의 의견을 주장하는 고집스러운 성인의 붓으로 그려져야 하는 빈 캔버스도 아닙니다. 아이는 이미 삶의 모험에 필요한 모든 것을 가지고 있습니다. 자연은 정보와 가르침을 흡수할 수 있는 신체적·정서적·정신적 기반을 갖춘 세상을 아이들 앞으로 가져옵니다.

부모와 어른의 역할은 아이의 학습 과정을 용이하게 하고, 아이의 손을 잡고, 아이의 능력에 대해 따뜻한 시선으로 자신감을 가지고 바라봐주는 것입니다.

걱정하고 요구하는 태도로 아이를 앞에서 이끌기보다 아이에 대한 존중과 인내를 가지고 한 걸음 뒤에서 지켜보는 것을 배우는 것입니다. 어른은 아이가 움직이는 환경을 살피고 아이의 필요와 속도에 맞게 끊임없이 성장의 기회를 제공해야 합니다.

몬테소리 교육의 접근 방식에는 선험적인 판단이 없습니다. 아이는 훈육이 미흡해서 우는 것이 아니고, 제멋대로이기 때문에 불평하는 것이 아니고, 남을 지배하기 위해 고함을 지르는 것이 아닙니다. 사실 정반대입니다. 그녀의 책에 나오는 "짜증내는"이라는 단어는 아마도 그녀가 말하는 내용을 부적절하게 번역한 결과일 것입니다.

그 단어는 우리가 늘 알고 있는 그런 의미로 사용된 것이 아닙니다. 그녀의 책에 현대적인 의미로서의 짜증이라는 단어는 존재하지 않습니다. 그 단어는 단지 어른들에게 많은 에너지와 깊은 생각, 자제력을 요구하고, 그로 인해 너무 많은 노력을 들여야 하는, 아이의 다루기 힘든 행동을 설명하는 성급하고, 쉽고, 심지어 오만한 표현일 뿐입니다. 아이가 우는 이유를 확인하고 이야기를 들어주고 반항의 이유를 이해하는 것보다는 아이의 그런 행동을 짜증을 낸다고 하고 무시하는 편이 분명 더 쉬운 해결책입니다.

의심의 여지 없이 거기에는 노력이 필요합니다. 우리는 모두 인간이고, 직면한 삶의 문제들이 있고 때로는 아이의 지나친 반응을 받아줄 여유가 없습니다. 하지만 교사들이나 부모들이 몬테소리에게 자신의 아이의 통제불능 행동에 대해 자문을 구할 때마다 그녀는 아이의 그런 행동에 언제나 타당하고 진정한 의미가 있다고 말했습니다. <u>그것은 아이가 다른 방법으로는 표현할 길이 없는 소통의 필요를 표현하는 것이고, 이해받지 못하는 것으로 인해 큰 고통을 겪고 있고, 그로 인해 불만족스러운 상태에 있다는 것을 말해주는 것입니다.</u>

몬테소리는 아이가 어른의 지적 수준에 도달해야 하고 어른의 기대에 맞춰야 한다고 요구하지 않습니다. 오히려 그 반대입니다. 그녀는 어른들이 아이 옆에서 몸을 숙여 그들을 바라보라고 합니다. 몬테소리는 "아이의 눈높이에서 이야기하라"고 합니다. 아이 옆에 앉을 때 우리는 아이의 관점에서 세상을 관찰할 수 있고, 어른의 눈높이에서 바라볼 때 놓치는 것이 얼마나 많은지 알게 됩니다. 아이의 입장이 되어보면, 우리가 아이였을 때 대답을 기다리는 것이 얼마나 어려웠는지, 다른 일에 신경 쓰고 있는 어른에게 우리의 말을 듣게 하는 일이 얼마나 어려웠는지, 달리고 싶어서 발이 근질거리고, 손으로 만지고 싶은 충동이 일 때 가만히 있기가 얼마나 어려웠는지 기억할 수 있습니다. 유쾌하지 않고 화가 나게 만드는 아이의 그런 행동들이 어른에게는 정상적이거나 타당하지 않지만, 아이의 관점으로 볼 때는 완벽하게 합리적이라는 것을 깨닫게 됩니다.

감정 교육의 의미

〰〰〰〰〰〰〰〰

아이는 종종 무섭게 느껴지는 강하고 갑작스럽고 통제할 수 없는 감정을 경험합니다. 그렇기 때문에 아이에게 손이 떨리고, 발을 구르게 되고, 가슴이 답답하고, 뱃속이 따끔거리고, 머리가 무거워지는 느낌에 대해 가르치는 것은 중요합니다. 감정을 읽는 것은 다른 어떤 신체적인 감각을 읽는 것과 마찬가지로 중요합니다. 배가 고플 때 뱃속에서 꼬르륵 소리가 나는 것처럼 아이는 빨개진 얼굴, 찡그린 눈썹, 구부러진 어깨, 눈물, 꽉 쥔 두 주먹 등이 슬픔, 분노, 부끄러움을 나타낸다는 것을 배웁니다. 감정을 읽는 능력 없이 아이는 자제력이나 공감 능력을 발달시킬 수 없습니다. 공감 능력은 우리가 가진 가장 중요한 도구 중 하나인데 그것은 공감 능력이 있을 때 우리가 타인을 존중하며 대할 수 있기 때문입니다.

감정 읽기는 감정을 인정하고 그것이 어떻게 만들어지고 어떤 특징을 가졌으며 어떤 이름을 가졌는지 그리고 어떻게 표현되는지 이해하는 데서 시작됩니다. 감정을 가지고 여러 가지 놀이를 해보는 것은, 감정을 이해하고 사람들과의 관계 속에서 타인의 감정을 인식하는 데 도움이 됩니다. 아이가 느끼는 감정에 대해 스스로 이야기하는 것을 가르치고, 아이의 감정을 함부로 판단하지 않으며, 신체적·심리적 상태를 나타내는 감각에 이름을 붙이고, 갑자기 엄습하는 감정상태에도 압도되지 않고 표현할 수 있도록 다양한 방법을 제공하는 것이 감정 교육 과정의 기초입니다.

감정과 사회성

몬테소리 교육 철학의 핵심 요소 가운데 하나는 아이의 발달 환경이 아이의 성격 형성에 근본적인 역할을 한다는 것입니다. 아이의 타고난 성격은 환경에 의해 강화되거나 억제됩니다.

몬테소리는 아이의 정서 발달과 사회에 대한 인식이 긴밀하게 연결되어 있고 서로 통합된다고 생각했습니다. 아이는 감정을 인식하고 사람들과의 관계에서 그것을 사용하는 방법을 배웁니다.

다음의 경우를 생각해봅시다.

아이는 주변 환경이 자신의 기대에 부합하지 않는 것을 느낄 때 순간적으로 강렬한 분노를 경험할 수 있습니다.

아이가 원하는 것을 갖지 못할 때 어떤가요? 아이는 이해받지 못하고, 학대나 소외받는 것 같고, 불편함을 느낍니다. 지금 당장, 바로 여기에서 원하는 무엇을 얻거나 누군가를 기다릴 수 없습니다.

사회적인 맥락은 중요합니다. 아이의 분노는 그가 경험하는 반응에 따라 달라질 수 있습니다. 그리고 아이의 감정 표현은 그가 본 타인의 감정 표현 방식 즉 소리치고, 통제력을 잃어버리고, 투덜거리고, 얼굴을 찡그리고, 자리를 박차고 나가는 등의 행동에 의해 형성됩니다. 부모와 어른은 아이에게 감정을 어떻게 표현하고 해결하는지 보여주는 롤모델이고 안내자입니다.

몬테소리 교육 철학은 현대 세계에 완벽하게 통합되는 인간 두뇌의 정서적 발달과 기능에 대한 교육학이론, 심리적 문제, 과학적인 연구를 소개합니다. 우리의 두뇌는 타인과의 상호작용을 통해 발달하는 사회적인 기관입니다. 결과적으로 유전학의 일부로서 정서적인 과정의 발달은 생각이 성장하는 맥락에 의해 깊이 영향을 받습니다.

감정은 우리가 신생아 때부터 볼 수 있는 초기 생리적 및 행동적 반응이 진화된 산물입니다. 부모와의 상호작용을 통해 아기의 본능적인 반응은 점진적으로 더 전문화된 감정의 형태를 띠게 됩니다. 생후 처음 몇 주가 지나면 아기의 수면시간은 짧아지고 세상과의 연계와 참여가 더욱 두드러집니다. 그러한 활성화 상태는 신생아와 외부 사건 사이의 관계가 증가함에 따라 커집니다. 이런 맥락 속에서 감정은 꽃 피게되고 사회적인 반응, 즉 아이의 감정 표현에 대한 외부 환경의 반응은 아이의 감정이 이후에 어떻게 경험되는지를 결정합니다.

이런 이유로 인해 생애 첫 순간부터 신생아에게 부모와 어른이 결정적인 역할을 한다는 것은 결코 놀라운 사실이 아닙니다.

감정 사용 설명서

〜〜〜〜〜〜〜〜〜

모든 것은 어른의 인식에서 시작된다

마리아 몬테소리는 이렇게 썼습니다.

"아이가 반항하고 혼란스러워 하고 무능력하게 하는 것은 모두 어른들 때문이다. 아이의 성격을 망치고, 중요한 본능을 억압하는 것은 어른이다. 그리고 아이의 실수, 심리적 일탈, 어른을 화나게 만드는 삐뚤어진 성격 등을 바로잡기 위해 고군분투해야 할 사람도 같은 어른들이다. 만약 어른들이 아이를 교육할 때 자신들의 실수를 인식하지 못하고 그것을 반복한다면, 우리는 해결할 수 없는 수많은 문제들을 만나게 될 것이다. 그리고 그 아이가 어른이 되었을 때 그 역시 같은 실수의 희생자가 될 것이고 이것은 세대에 걸쳐 영향을 끼치게 될 것이다."

몬테소리는 어른들에게 정확한 임무를 부여합니다. 그것은 아이의 행동, 생각, 감정을 판단하지 말고 '아이를 있는 모습 그대로 받아들이라'는 것입니다. 그러한 수용이 있을 때 아이의 행동 지도에 필수적인 '한계 설정'이 가능합니다. 수용하면서 동시에 제한하는 것이 어떻게 가능할까요? 우리의 모든 교육은 '강요', '권력 다툼', 장기적인 교훈을 주는 방법으로 사용하는 '처벌'에 기반을 두고 있는데, 어떻게 아이의 행동을 판단하지 않을 수 있을까요?

드문 경우를 제외하고, 이것은 우리에게 당연하지 않습니다. 왜냐하면 대개는 파괴적이고, 충동적이고, 과장되고, 통제할 수 없는 속성을 지닌 아이의 행동과 감정 표현을 다룰 때 우리는 그것을 자신의 개인적인 경험에 비춰 바라보기 때문입니다. 그래서 우리는 난제에 갇히고 그것에 발이 걸려 넘어지고 출구가 없는 것처럼 느낍니다. 우리는 결국 문제 자체를 피하게 됩니다.

분노의 경우, 아주 어린아이의 분노일지라도 그것은 우리를 궤도에서 벗어나서 우리의 어린 시절 또는 우리와 우리에게 중요한 사람들이 분노했던 방식을 기억하게 합니다. 견디기 힘들고 다시는 겪고 싶지 않은, 우리를 향해 쏟아지던 막무가내의 비난과 경멸로 가득한 말들이 떠오를지도 모릅니다.

아이의 두려움으로 가득한 시선이나 도움을 요청하는 외침은 아이가 느끼는 불안의 소용돌이 속으로, 우리에게 어떤 통제력도 없는 아이의 위험에 대한 인식 속으로 우리를 끌어당길 수 있습니다. 이것은 우리를 두려움의 차원으로, 우리 자신이 도움을 요청하는 차원으로, 보호의 책임을 지속하지 못한 자신의 무능력의 차원으로 몰아갑니다. 우리의 시선은 우리가 다쳤을 때 상황에 개입했던 우리의 어머니, 아버지, 할머니의 시선으로 바뀔 것입니다.

이별로 인한 아이의 고통스러운 외침은 우리의 마음을 아프게 하고 과거의 모든 외로움과 버려진 기억 또는 심지어 수년간 우리를 가두었던 방치된 기억을 다시 살아나게 합니다.

아이가 드러내는 폭발적인 기쁨의 감정조차 과거에 우리가 경험했던 것을 다시 수면 위로 떠오르게 하며, 도덕적·사회적 기준 안에서 어떤 것이 용납되

고 어떤 것이 용납되지 않는지 확신하지 못한 채 우리를 수치심 속에 가라앉게 할 수 있습니다.

다시 한번 우리는 감정이 관계 속에서만 표현될 수 있다는 것을 인식합니다. 각각의 감정은 의미와 함께 스며들고, 관계 속에서 형태를 취하며 우리가 그것을 느끼는 맥락 속에서 모양이 만들어져 갑니다.

결과적으로 자녀와의 관계에 있어 우리에게는 일정 수준의 자기 인식이 반드시 필요합니다. 자녀의 감정의 움직임에 반응하려면 우리 안에 어떤 일이 일어나고 있는지 반드시 인식해야 합니다. 만약 아이의 감정이 우리에게 어떤 영향을 주는지 인식하지 못한다면 우리의 본능은 자연스럽게 아이로부터 우리 자신을 방어할 것입니다. 그래서 자신을 보호하는 방식인 거절, 판단, 회피로 아이에게 반응할 것입니다. 이것은 모두 아이가 더 이상 감정을 표현하지 않게 만들고 내적인 혼란 상태에 홀로 남겨 두고, 감정에 이름을 붙이고, 감정을 이해하고, 감정을 대면할 수 있는 가능성을 사라지게 합니다. 아이가 어떤 감정을 느끼며 우리에게 올 때 아이는 우리에게 도움을 구하는 것입니다.

"나에게 무슨 일이 일어나는 것인지 이해할 수 있게 도와주세요. 내가 무엇을 느끼는 건지, 거기서 어떻게 빠져나올 수 있는지 알려주세요. 나 자신을 제어할 수 있게 도와주세요."

아이의 감정에 너무 휘말리면 우리는 도움을 줄 수 없습니다.

다음은 우리 자신을 돌아보고, 자신에 대한 인식을 발전시키며, 우리에게 자녀와의 관계를 방해하는 과거의 경험으로부터 오는 감정이나 생각이 있는지 확인할 수 있는 몇 가지 질문입니다.

- 이 아이의 부모가 된다는 것은 무엇을 의미하는가?
- 나의 자녀를 양육하고 교육해야 하는 책임감은 나에게 어떤 느낌을 주는가?
- 나는 어떤 부모인가? 부모로서 내가 한 행동에 대해 행복하게 느끼는가? 내가 변화되고 싶은 부분이 있는가?
- 아이를 대하는 나의 행동에 대해 얼마나 자주 후회하는가?
- 나의 어떤 행동과 태도가 내 부모님을 떠오르게 하는가? 내가 부모님처럼 행동한다는 것을 알아차렸을 때 어떤 느낌이 드는가?
- 여전히 용서할 수 없고 나를 고통스럽게 하는(만약 있다면), 부모님이 나에 대해 오해했던 것은 무엇인가?
- 어린 시절의 나는 어떤 아이였는가? 다시 어린 시절로 돌아간다면 어떤 느낌일 것 같은가?
- 자녀의 어떤 행동을 가장 용납할 수 없는가? 그럴 때 내 기분은 어떤가? 아이들은 내가 무슨 생각을 하게 만드는가?
- 나는 화가 나거나 슬플 때, 또는 두려움이나 수치심을 느낄 때 어떻게 행동하는가?

감정의 조율

조율은 조화를 의미합니다. 물리학에서 조율은 송신 장치와 수신 장치 사이의 주파수를 조정하는 것입니다. 감정도 마찬가지입니다. 어떤 감정 상태가 그것을 읽고 조율할 수 있는 여유를 지닌 수신자를 찾으면 그 감정은 수신자와 조화를 이루게 됩니다.

조화를 이루려면 아이의 감정이 표현될 때 우리의 생각이 과거가 아닌 현재에 머물러야 합니다. 아이의 감정이 만드는 소리와 감각에 귀를 기울여야 합니다. 그 소리와 감각은 정착하고 어떤 형태를 갖출 수 있는 심리적인 공간이 필요합니다. 그렇지 않으면 그 감정은 불분명한 상태로 남아 있을 것입니다. 우리는 그것에 이름을 붙이고 의미를 부여해야 합니다. 마지막으로 우리는 그런 소리를 정교하게 만들고 음악으로 바꿀 수 있는 견고하고 효과적인 전략을 짜는 데 도움이 되는 경험이 필요합니다.

실용적인 관점에서 조율은 아이가 경험하는 감정에 가까이 가는 방법을 찾는 것을 의미합니다. 자, 우선 숨을 쉬세요! 몇 초 동안 또는 필요하다면 더 오래 호흡을 하세요. 폐를 열고 가슴과 어깨의 긴장을 풀고 공기가 들어오고 나가는 것에 주의를 기울이세요. 이것은 사소하게 보일지 모르지만 필수적인 단계입니다. 호흡은 우리를 과거로 빨려들게 할 수 있는 감정을 통제할 수 있도록 도와줍니다. 호흡 조절은 우리 부모님과 선생님이 우리가 어렸을 때 우리에게 했던 똑같은 방식으로 우리가 아이에게 반응하지 않도록 막아줍니다. 우리가 들었던 비효율적이고 부적절한 말들을 우리가 아이에게 똑같이 하지 못하도록 막아줍니다. 그렇지만 우리의 부모님 세대의 행동이 반드시 틀렸다고 지적하는 것은 아닙니다. 오히

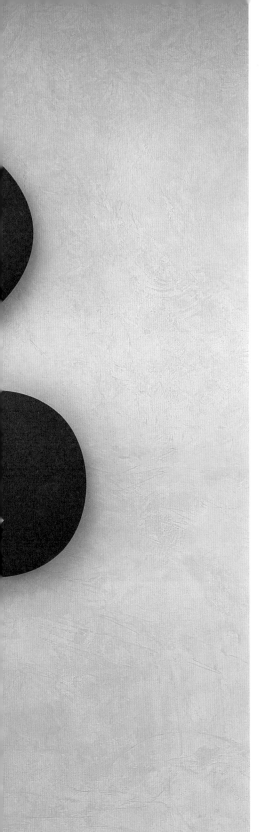

려 반대이길 바랍니다. 그리고 과거에 우리가 경험한 행동과 말에 대해 반드시 생각하는 시간을 갖고 그것을 수용하거나 변화시켜야 합니다. 우리는 기본적으로 우리가 하려는 행동이나 말에 대해 인식하고 있어야 합니다.

아이의 마음을 열기 위해 우리는 자신이 겪었던 힘든 기억 속에서 사는 대신 현재에 머물러야 합니다. 일단 마음이 열리고 나의 과거에 대한 기억이 명료해지면 자신에게 질문해봅시다. 지금 내 아이를 소리 지르게 하고, 울게 하고, 침묵하게 하는 것은 무엇인가? 그 행동을 통해 아이가 말하고 싶어 하는 것은 무엇인가? 무엇이 그 행동을 유발했는가? 우리는 아이가 느끼는 것에 대해 관심을 보여줘야 합니다. 그 관심 자체로 아이는 자신이 받아들여지는 것을 느끼고 그 수용은 아이가 다시 감정의 균형을 찾도록 도와줄 것입니다.

신경과학에서 보면 감정의 요청에 논리로 반응하는 것은 일반적으로 그 요청을 만족시키지 못합니다. 우리는 아이의 감정을 이해하고 그것을 함께 느껴야 합니다. 그렇게 할 때만 논리적이고 이성적인 대화를 시작할 수 있습니다. 감정을 함께 느껴 줄 때 아이는 두려움 없이 감정을 탐구할 수 있습니다. 하지만 혼자서 어떤 감정을 느끼는 것은 아이에게 두렵고, 통제할 수 없는 일이고, 아이가 그것을 해결하기 위해 대개는 도움이 되지 않는 어떤 방법을 강제로 선택하게 만듭니다. 옆에서 그 감정을 함께 느껴주는 사람이 없을 때, 감정은 아이에게 괴물 같은 존재가 됩니다. 우리는 아이의 요구사항이 비합리적이고 실현 불가능한 경우가 많기 때문에 그것을 제한해야 한다는 논리에만 호소해서는 안 됩니다. 다른 방법은 없습니다. 아이의 감정을 함께 경험해야 합니다. 일례를 들어보겠습니다. 항상 자신의 욕구를 만족시키기 위해 소리를 지르는 아이가 있습니다. 이유는 다른 아이의 공을 갖고 싶은 것일 수도 있고, 청소년의 경우에 또래 모임에 가는 것일 수도 있습니다. 부모의 본

능적인 반응은 다음 중 하나일 것입니다.

"넌 너무 요구사항이 많아.", "넌 모든 걸 다 갖고 싶어 해.", "또 짜증을 내는구나.", "너에게는 필요 없어.", "울어라. 그러다 언젠가 멈출테니까.", "너는 엄마를 당황스럽게 해.", "너는 나를 나쁜 부모로 만들고 있어."

멈춰서 호흡을 하며 그런 생각과 그런 자동 반응을 멀리 날려 보내십시오. 그 대신 '욕구를 표현하는 것은 얼마나 중요한 일인가!' 하고 생각하십시오. 그리고 아이에게 말하십시오.

"지금 이것을 정말 갖고 싶다고 말하고 있는 거야?", "이 경험을 정말 해보고 싶다고 말하는 거야?"

아이의 나이와 언어 능력에 따라 대화를 넓혀 가십시오. 그다음에는 이런 말을 추가할 수 있습니다.

"나도 네가 정말 하고 싶은 일을 못 하는 게 받아들이기 어렵다는 걸 알아. 나도 이해해. 그것 때문에 화가 나니?"

이제 해결책을 제시해보세요. 신체적인 접촉을 청하거나("내가 안아줘도 될까?"), 다른 관점을 제시합니다("우리 다른 공을 가지고도 재미있게 놀 수 있을 것 같구나!"), 또는 아이의 주의를 다른 곳으로 돌립니다("저기 봐, 작은 새가 우리 쪽으로 오고 있어!"). 이런 방법으로

우리는 환영해주고, 귀 기울여주고, 이름을 붙여주고, 아이가 느끼는 것에 가치를 부여해주는 방식으로 조율할 때 아이의 감정과의 조화는 자연스럽게 일어납니다.

다음은 자녀와의 감정 조율을 쉽게 만드는 몇 가지 생각과 제안입니다.

- 내 아이는 지금 무엇을 느끼는가? 아이의 자세, 얼굴, 호흡은 어떤가? 아이가 지금 나에게 무엇을 알리고 싶어 하는가?
- 이 상황은 내 아이에게 어떤 의미를 가지고 있는가?
- 내 아이는 지금 무엇을 필요로 하는가?
- 만약 내가 아이와 같은 나이라면 똑같은 상황에서 나는 어떻게 행동할까?
- 극단적이긴 하지만 이 반응은 아이의 나이와 아이가 할 수 있는 것들을 고려할 때 아이가 표현할 수 있는 최선이다.
- 내 아이의 행동은 나의 부모로서의 가치를 나타내는 것이 아니다.
- 아이의 두뇌는 어른의 두뇌와 다르다. 아직 미성숙하고 그렇기 때문에 충동적인 행동을 한다. 아이의 뇌는 좌절

을 참을 수 없고, 과장을 조절할 수 없다. 아이가 논리적인 설명을 이해하고 그 기반 위에서 행동을 수정하는 것을 기대하기에는 어리다. 나는 아이가 다시 감정 균형을 찾고 평온한 상태로 돌아올 수 있도록 시간을 줘야 한다.

• 내 아이는 같은 연령대의 다른 모든 아이와 같다.

• 내 아이는 그 연령대 아이의 최고의 모습이다. 아이는 고유한 존재이고 다른 누구와 비교할 수 없다.

• 아이와의 관계에는 가끔 어려운 순간도 있지만 행복한 순간이 더 많다. 모든 것이 부정적이지는 않다.

• 내 아이가 어떻게 행동하기를 원하는가? 그렇게 행동할 때 좋은 점은 무엇인가? 내가 아이에게 그렇게 행동하도록 가르치는 가장 좋은 방법은 무엇인가?

• 오늘 나는 침착할 것이고, 충동적으로 반응하지 않을 것이다. 왜냐하면 내 아이의 모범이 되고 싶기 때문이다.

이러한 접근 방식은 분명 피곤할 수 있습니다. 왜

냐하면 이를 위해서는 부모에게 상당한 정도의 집중과 심리적·정서적 에너지가 필요하기 때문입니다. 하지만 기억하세요. 최신 신경과학 연구들은 아동 발달 과정에 있어서 관계의 중요성을 확인하고 있습니다. 더 구체적으로 부모가 자녀의 감정을 수용하고 자녀의 필요에 적절한 반응을 해주는 것이 굉장히 결정적인 역할을 한다고 강조합니다.

따라서 위의 접근 방식은 아이의 사회적, 정서적, 인지적, 신체적 능력이 발달하는 문을 열어줍니다. 조금 힘이 들더라도 열심히 노력하고 적용해보시길 바랍니다.

1차 감정과 2차 감정

〜〜〜〜〜〜〜〜〜

감정

감정은 외부 및 내부 자극에 대한 반응이고 일시적으로 우리의 심신의 균형을 바꿉니다. 감정 표현은 인식 가능한 특정한 자세, 시선, 얼굴, 목소리 톤, 심장 박동, 호흡, 땀, 피부색 같은 신체 반응과 연관되어 있습니다.

모든 감정은 중요하고 근본적인 역할을 합니다. 그러므로 감정은 억제되어서는 안 됩니다. 감정은 자신의 내면의 상태를 다른 사람들에게 알리고, 환경을 탐색하게 하고, 긴급한 상황에서 적절한 반응을 할 수 있게 합니다.

유전적으로 우리는 다른 포유류와 공유하는 감정을 가지고 있는데, 그것은 포유류가 가진 특징 때문입니다. 이것은 1차 감정이라고 일컬어지며, 각각의 1차

감정은 특정한 의미와 목적을 가지고 있습니다.

'분노'는 만족되지 않은 욕구와 갈망이고 이것은 공격적인 행동으로 이어질 수 있습니다.

'슬픔'은 버림받았다는 느낌 또는 중요한 어떤 것이나 자신의 일부를 잃어버리는 것과 연결되어 있습니다.

'행복'은 욕구 또는 필요의 충족과 연결되어 있습니다.

'두려움'은 위협으로부터의 보호와 자신의 온전한 상태 보존의 필요를 반영합니다.

'놀람'은 갑작스럽고 예기치 않은 사건에 대한 반응으로 순간적인 감정입니다.

'불쾌감'은 상한 음식을 먹는 것처럼 건강을 위협하는 잠재적인 위험 상황에서 우리를 보호하는 중요한 감정이고, 이것은 역겨운 감각과 연결되어 있습니다.

1차 감정으로부터 걱정, 수치심, 공포, 고통, 실망 등의 2차 감정이 생기는데, 이 감정들은 인지 능력 즉 타인의 심리적 관점을 받아들이고, 그의 내면 상태에 대해 생각하고, 자동 반사적으로 반응하지 않는 능력을 필요로 합니다.

신생아는 처음에 포괄적이고, 혼란스럽고, 구분되지 않는 감정 상태를 경험합니다. 시간이 지날수록 아이는 자신의 반응을 구별하는 법을 배웁니다. 정서 능력 발달에 가장 좋은 시기는 6세에서 7세 이전입니다.

생후 처음 몇 개월간 신생아는 기본적으로 어른과의 관계 구축이 아닌 자신의 필요를 전달하기 위해 관심, 불쾌감, 충격과 같은 부정적인 감정과 긍정적인 감정을 표현합니다.

두 번째 단계인 생후 3개월 정도부터 아기는 정서적인 민감성이 발달해서 더욱 분명하게 애정을 지각

하는 반응을 보입니다. 아기는 사람과 물건을 향해 주의를 돌리기 시작합니다. 감정은 갑작스러운 사건 (놀람)이나 방해물에 대한 반응(분노, 두려움)으로 표현됩니다.

생후 9개월부터 인지 정서적인 발달 과정이 더욱 진행되고 아기는 자신과 자신을 둘러싼 환경에 대해 더 많은 감각을 얻습니다. 그것은 수줍음, 부끄러움, 두려움으로 나타나고 아기를 성장하게 합니다.

2세부터 아이는 사회적인 규칙에 따라 자신이 느끼는 것을 표현하는 법을 배웁니다. 감정 상태를 과장하고, 경시하고, 감추고, 아닌 척 할 수 있게 됩니다.

마지막으로, 취학 전 시기에 아이는 규칙, 제한, 금지 사항을 접하게 됩니다. 아동기와 청소년기 전체에 걸쳐 행동을 지도하는 일련의 규칙과 가치 그리고 궁극적인 원칙을 습득하게 됩니다.

2장

_____

감정 이해하기

～～～～～～～～～～～～

감정 표현의 특징을 인식하는 것이 감정에 대해 배우는 첫 번째 핵심 단계입니다. 자신을 조절하는 능력과, 공감 능력 개발에 꼭 필요한 타인의 감정을 인정하는 능력은 감정에 대해 배울 때 얻게 되는 직접적인 결과입니다.

다음 활동들은 아동이 감정의 세계로 첫발을 뗄 수 있게 안내하는 것을 목표로 하고 있습니다. 활동들은 각각의 감정 상태와 연결된 얼굴 표정의 특징을 알아보는 것으로 시작됩니다. 화가 났을 때 또는 슬플 때 우리의 눈썹은 어떤 모양이 되나요? 무서움을 느낄 때 또는 불쾌한 역겨움을 느낄 때 우리의 입은 어떤 모양이 되나요?

활동들은 다음과 같이 단계별로 진행할 수 있습니다. 다양한 감정의 특징을 표현하는 것을 만들어보고, 그것을 인지시키고(예를 들면, "어떤 입 모양이 분노를 나타내는 것일까?"), 그런 다음 다시 기억하게 합니다(예를 들면, "이 입 모양이 표현하는 감정의 이름은 뭐였지?"). 다양한 재료들을 사용하여 아이의 소근육 운동 기술을 훈련하는 촉각적인 활동을 통해, 아이는 직접적이고 실제적인 방법으로 감정의 세계를 탐험합니다.

따라 해볼 감정들은 감정 카드에 그려진 것들입니다. 워크시트에 제공된 카드를 오려서 얼굴 표정의 특징을 탐구하는 모델로 사용할 수 있습니다. 카드에 포함된 감정은 기쁨, 두려움, 슬픔, 분노, 불쾌감, 놀람, 수치심입니다.

점토로 감정 표현 재현해보기

• 재료 •

가위, 컬러 점토, 점토를 자르거나 납작하게 만들 수 있는 도구, 감정 카드

• 목표 •

이 활동은 아이가 감정에 관련된 다양한 얼굴 표정을 실험해보고, 점토를

가지고 다양한 모습으로 만들어보는 것입니다.

· **활동 내용** ·

먼저 워크시트에 제공된 빈 얼굴 모양을 선을 따라 오립니다. 아이가 가위를 사용할 수 있는 나이라면 이 단계를 스스로 하게 합니다. 감정 카드를 아이 앞에 포개어서 놓습니다. 아이에게 한 장을 꺼내게 하고 그것이 어떤 감정을 나타내는지 확인하게 합니다.

그리고 질문합니다. "그림 속에 있는 아이는 어떤 감정을 느끼고 있어?" 아이의 관심을 얼굴의 특징에 집중하게 합니다. "눈썹은 어떻게 생겼어? 입 모양은 어때? 코는 어떻게 생겼어?"

그런 다음, 아이가 그 표정의 특징들을 점토로 재현해서 카드 속의 얼굴을 꾸미도록 격려합니다. 이제 풍부한 표정을 가진 얼굴이 준비됐습니다!

또 아이에게 거울에 비치는 자신의 모습을 표현하게 할 수도 있습니다. 자신의 눈썹과 입을 만져보며 모양을 연구하게 합니다.

점토를 가지고 이완되거나 찡그린 눈썹 모양, 꽉 다문 입, 벌린 입 등 모양을 다르게 만들어보는 것은 아이에게 계속되는 감정의 흐름을 알 수 있게 합니다.

자율적인 아이라면 플라스틱 접시 위에 얼굴 모양을 꾸미는 활동을 혼자 해볼 수 있습니다.

아이가 가장 좋아하는 방법으로 얼굴을 꾸미고 감정을 표현할 수 있게 허용해주세요. 예를 들면, 아이는 다양한 색상을 사용해서 긍정적인 감정을 표현하기도 하고, 수치심을 표현하기 위해 빨간 볼로 표현할 수도 있고, 강렬하거나 부정적인 감정을 표현하기 위해 머리 윗부분에 이상한 모양을 만들 수도 있습니다.

감정 쿠키 만들기

• 재료 •

밀가루 2½컵(300g), 소금, 달걀 2개, 해바라기씨유 ½컵(75㎖), 사탕수수 설탕 ½컵(110g), 꿀 1큰술(15㎖), 쿠키 굽는 도구, 젤 형태의 식용 색소, 먹을 수 있는 꾸미기 재료, 감정 카드

난이도: 중간

연령: 만 3세 이상

어른의 감독 필요

· 목표 ·

이 활동은 주방 도구를 다룰 수 있는 좀 더 높은 연령의 아이에게 적합합니다. 이 활동은 아이가 주어진 재료를 사용해서 쿠키를 만들어보면서 얼굴 표정을 탐구할 수 있게 합니다. 쿠키의 표면이 좁기 때문에 이 활동은 아동의 소근육 운동 기술 발달에 도움이 됩니다. 그리고 이 활동은 따라야 할 단계별 과정이 있기 때문에 아이의 기획 능력 개발에도 도움이 됩니다.

· 활동 내용 ·

먼저 쿠키를 준비합니다. 쿠키 만들기는 재미있고 아이들이 좋아하는 활동입니다. 비교적 둥글고 납작하기만 하면, 원하는 모든 모양의 쿠키를 만들 수 있습니다.

다음은 빠르고 쉬운 꿀이 들어간 쿠키 만들기 레시피입니다. 아이가 만들기에 도전하도록 응원해주세

요. 아이는 재료를 섞고, 반죽을 하고, 만들어진 반죽 속에 손을 집어넣고 즐거워할 것입니다.

오븐을 200도로 예열합니다. 큰 그릇에 밀가루와 소금 한 꼬집을 넣어서 섞고 그다음 달걀, 기름, 설탕, 꿀을 추가 합니다. 재료가 잘 섞이도록 섞습니다. 반죽을 평평한 바닥으로 옮겨서 뭉쳐질 때까지 치댄 다음, 주방용 밀대로

납작하게 만듭니다. 둥근 모양 틀이나 머그컵을 이용해서 직경 7.5~10㎝ 크기의 원을 만듭니다. 그것을 종이 호일에 올리고 20분간 굽습니다. 오븐에서 쿠키를 꺼내서 완전히 식을 때까지 놓아둡니다.

젤 형태의 식용 색소와 다른 먹을 수 있는 꾸미기 재료를 이용해서 감정 카드에 있는 모양처럼 눈, 눈썹, 코, 입 모양을 쿠키 위에 만들어봅니다.

아이가 원하는 대로 느끼는 감정을 표현하게 합니다. 다양한 색의 작고 둥근 재료, 땅콩, 꽃, 별 등 다양한 모양의 재료를 사용할 수 있습니다.

감정 표현 달걀 만들기

난이도: 중간

연령: 만 4세 이상

어른의 감독 필요

・재료・

달걀, 작은 그릇, 물, 식용 색소, 작은 붓

・목표・

이 활동은 아이가 감정 상태를 돌아보고 그것을 재현해보며 묶인 감정의 매듭을 푸는 활동입니다.

・활동 내용・

때로 아이는 이미 특정 감정이 뱃속을 점유하고 있기 때문에 음식이 들어갈 자리가 없는 경우가 있습니다. 그럴 때 감정 표현 달걀 만들기 활동이 효과적입니다.

달걀을 삶은 다음 식혀서 접시 위에 놓습니다. 달걀 표면에 그림을 그릴 수 있는 식용 색소를 준비합니다. 판매되고 있는 식용 색소를 사용해도 좋고, 더 좋은 방법은 과일과 채소를 이용해서 직접 색을 칠할 수 있는 재료를 만드는 것입니다. 초록색을 내기 위해 파슬리 가루나 녹차 가루, 빨간색을 내기 위해 딸

기나 토마토, 자주색을 내기 위해 블랙베리나 블루베리, 오렌지색을 내기 위해 오렌지 껍질, 갈색을 내기 위해 코코아나 커피, 노란색을 내기 위해 카레 가루나 사프란 가루를 사용합니다. 농도를 진하게 만들기 원하면 각 색상의 재료를 약간의 밀가루와 섞습니다.

아이에게 심호흡을 하고 눈을 감으라고 합니다. 그리고 아이의 배에 대고 질문합니다. "기분이 어때?" 그런 다음 아이가 느끼는 감정을 또는 여러 감정들을 달걀 표면에 식용 착색 재료와 붓을 사용해서 그리게 합니다. 그것을 끝낸 뒤에 어떤 느낌인지 질문하고, 아이가 먹고 싶은 마음이 든다면 달걀을 먹게 합니다. 그렇게 함으로써 아이는 자신의 감정으로부터 기분 좋게 영양을 섭취할 수 있습니다.

과일과 채소로 감정 표현하기

난이도: 중간

연령: 만 3세 이상

어른의 감독 필요

· 재료 ·

다양한 과일과 채소(바나나, 사과, 당근, 오렌지, 후추, 고추 등), 칼, 큰 그릇, 접시 또는 쟁반, 감정 카드

· 목표 ·

이 활동은 아이의 소근육 운동 기술을 훈련하고, 아이가 감정 표현에 대해 생각하게 합니다. 또한 아이가 식품의 영양적·미적 특징에 친숙해지게 합니다.

· 활동 내용 ·

이 활동은 음식을 사용해서 하는 것이기 때문에 접시 또는 쟁반 위에서 하는 것이 가장 좋습니다. 그렇게 하면 활동을 마친 후에 과일과 채소를 먹거나 조리할 수 있습니다.

아이와 함께 몇 가지 다양한 과일과 채소를 선택합니다. 선택한 과일과 채소를 여러 가지 모양(원, 쐐기 모양, 반달 모양 등)으로 자릅니다. 아이가 칼을 다룰 수 있는 나이라면 자르는 것을 돕게 합니다. 자른 과

일과 채소를 커다랗고 깨끗한 그릇에 넣습니다. 깨끗한 접시나 쟁반을 작업대로 해서 감정 카드에 표현된 감정들을 과일과 채소로 만들어봅니다.

 다음은 얼굴을 만드는 몇 가지 방법입니다. 눈은 둥글게 자른 바나나 또는 당근을 이용하고 눈동자는 블루베리로 만듭니다. 사과 껍질은 다재다능한 재료로, 다양한 입 모양을 만들 수 있습니다. 쐐기 모양으로 자른 오렌지는 미소를 표현할 수 있습니다. 후추로 가는 선 모양을 만들어서 입을 표현할 수도 있습니다. 반달 모양 양파 조각은 눈썹과 입을 만드는 데 사용할 수 있습니다. 딸기 조각으로는 당황한 볼을 표현할 수 있습니다. 반으로 자른 살구는 놀란 입 모양을 표현할 수 있습니다. 사과 씨나 수박 씨는 눈물을 표현할 수 있습니다.

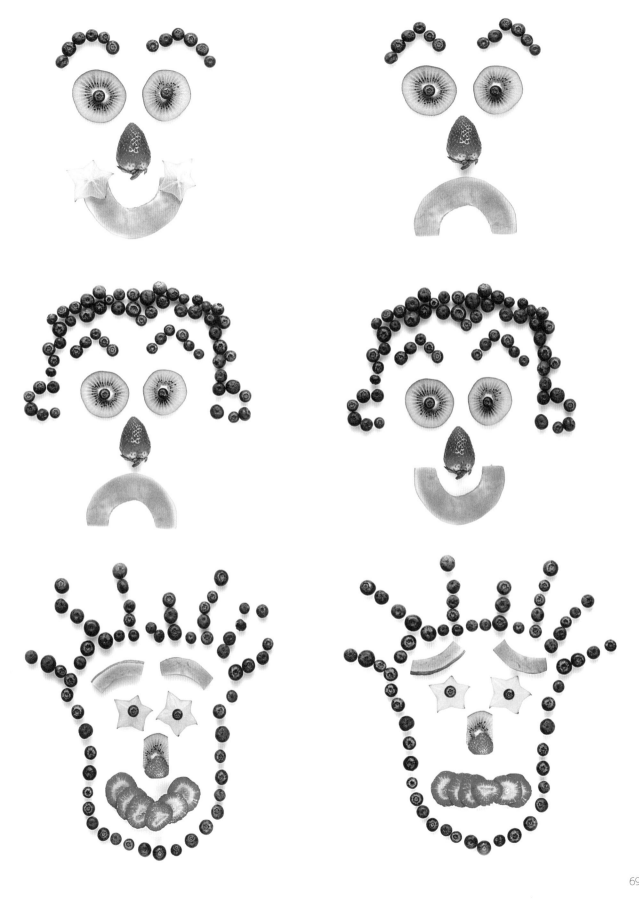

감정 표현 조약돌 만들기

난이도: 중간

연령: 만 3세 이상

어른의 감독 필요

· 재료 ·

조약돌 28개(표면이 매끄럽고 직경이 5~10㎝ 크기인 것), 감정 카드, 보드 마커, 접시 1개, 종이 7장, 세부 요소를 표현하고 장식하기 위한 더 작은 돌멩이와 자갈

· 목표 ·

이 활동은 아이가 감정을 나타내는 표정의 특징을 인식하는 데 도움이 됩니다.

· 활동 내용 ·

이 활동은 아이와 함께 조약돌을 찾는 것으로 시작합니다. 이것은 아이와 자연 속에서 시간을 보낼 수 있는 좋은 기회입니다. 아이를 도와서 돌멩이에 묻은 더러운 것과 흙을 씻어냅니다.

조약돌 4개와 감정 카드 1장을 선택합니다. 마커를 이용해서 카드에 있는 표정의 특징을 조약돌 위에 그립니다. 첫 번째 조약돌에 한쪽 눈과 한쪽 눈썹을 그립니다. 두 번째 조약돌에 다른 쪽 눈과 눈썹을 그립니다. 세 번째 조약돌에는 코를, 네 번째 조약돌에는 입을 그립니다. 조약돌들의 뒷면에는 색깔 있는 점을 찍어두는 것처럼 똑같은 상징을 그려서 이것이 하나의 세트라는 것을 아이가 알 수 있게 합니다. 나머지 커다란 조약돌들에도 똑같이 해서 모두 7개의 조약돌 세트를 만듭니다. 각 세트는 카드 속의 각기 다른 감정을 나타냅니다.

종이 한 장에 접시를 올려놓습니다. 접시를 따라서 네 개의 조약돌을 올려놓을 수 있을 만한 크기로 원을 그립니다. 나머지 여섯 장의 종이도 똑같이 합니다.

조약돌을 그림이 있는 부분을 위로 향하게 한 종이와 함께 아이 앞에 놓습니다. 아이에게 돌 하나를 선택하게 하고, 전체 얼굴을 이루는 나머지 돌들을 찾게 합니다. 아이가 네 개의 돌을 다 찾으면 한 장의 종이에 그려진 원 안에 배열하게 한 후 다음과 같이 질문합니다. "이 얼굴은 어떤 감정을 표현하고 있니?" 그런 다음 조약돌을 뒤집어서 뒤에 그려진 상징을 확인하고 네 개가 한 세트를 이루는 조약돌이 맞는지 확인하게 합니다. 붉은색 돌멩이로 뺨을 표현하고 자갈로 눈물을 표현하는 등 아이가 원하는 대로 마음껏 얼굴을 장식할 수 있게 합니다. 나머지 감정들에 대해서도 이 활동을 반복합니다.

일단 아이가 활동에 익숙해지면 얼굴의 한 부분의 특징으로부터 표현된 감정을 인식할 수 있는지 질문합니다. 예를 들면, "이 꼭 다문 입술은 어떤 감정을 표현하는 것일까? 이 찡그린 눈썹은 어때? 이 주름 잡힌 코는 어떤 감정을 나타내는 것일까?" 등의 질문을 합니다.

난이도: 중간 연령: 만 4세 이상 어른의 감독 필요

• 재료 •

워크시트에 제공된 감정 카드

• 목표 •

이 활동은 감정 표현에 대한 연구를 전신으로 확장해서 아이가 어떤 몸짓과 움직임이 어떤 감정 상태와

연관되어 있는지 배울 수 있게 하는 것입니다.

얼굴과 몸으로 감정 표현하기

· 활동 내용 ·

카드를 그림이 위로 오게 해서 아이 앞에 일렬로 늘어놓습니다. 아이에게 한 번에 카드 한 장에 대해 묘사하게 합니다. "이 그림에는 무엇이 있어? 이 사람이 표현하는 감정은 어떤 것일까?" 그런 다음 아이가 카드 한 장을 선택하고 그것과 어울리는 몸 카드 또는 얼굴 카드를 찾게 합니다. 예를 들면, 첫 번째 선택한 카드가 얼굴이라면 아이에게 이렇게 질문합니다. "어떤 몸 카드가 이 얼굴 카드와 같은 감정을 표현하고 있을까?"

마지막으로 카드를 다시 일렬로 놓은 다음 감정 하나를 선택해서 아이에게 질문합니다. "○○○의 감정을 표현하는 얼굴과 몸은 어떤 것일까?" 아이가 그 감정을 나타내는 얼굴과 몸이 그려진 카드를 찾게 합니다. 아이는 또한 카드의 테두리 색깔을 통해 자신이 짝지은 것이 옳은지 확인할 수 있는데, 같은 감정은 같은 색깔의 테두리를 가진 카드로 이루어져 있기 때문입니다.

기쁨: 웃는 얼굴, 뜬 눈, 웃는 입, 팔과 손을 펴고 위아래로 점프하는 몸.

슬픔: 슬픈 얼굴, 아래로 향한 입, 울고 있는 눈, 찡그린 눈썹, 구부정한 몸, 몸 옆에 붙인 팔, 굽은 어깨.

분노: 화난 얼굴, 이를 드러낸 입, 반쯤 감긴 눈, 찡그린 눈썹, 넓어진 콧구멍, 긴장된 몸, 주먹을 꽉 쥔 손, 뻣뻣한 다리, 부풀린 가슴.

두려움: 겁에 질린 얼굴, 커진 눈, 소리 지르는 입, 떨리는 다리, 떨리는 손.

놀람: 놀란 얼굴, O자로 벌어진 입, 크게 뜬 눈, 얼굴을 잡거나 상대를 향해 벌린 두 손, 올라간 어깨, 굳어진 몸.

부끄러움: 붉어진 얼굴, 아래를 향하는 편안치 않은 시선, 오므린 입술, 두 어깨 사이에 앞으로 숙여진 몸, 가슴 위로 교차된 팔짱 낀 팔, 서로 교차된 다리, 맞잡은 두 손.

불쾌감: 역겨움을 느끼는 얼굴, 감은 눈, 주름 잡힌 코, 내민 혀, 양어깨 사이에 긴장되어 앞으로 숙여진 몸, 긴장된 상태로 앞으로 뻗은 손.

3장

감정 조절하기

〰〰〰〰〰〰〰

아이가 일단 자신에게 영향을 주는 기본 감정들을 인식할 수 있게 되었다면, 그 감정들을 조절할 수 있는 방법을 배워야만 합니다. 감정 조절을 배우는 것은 매우 중요합니다. 아이는 부정적인 감정이 생길 수 있다는 것을 두려움 없이 받아들이게 되고, 그것을 인식하고 다룰 수 있는 능력을 가졌다고 느낄 것입니다.

물론, 다음에 나오는 활동들이 아이를 받아들여 주고 아이의 필요에 공감해주는 어른의 임무를 대신할 수는 없습니다.

이 활동들은 아이가 매우 감정적이 될 때 그것을 다루고, 다른 사람과 관계를 맺을 수 없을 때 말을 하고 도움을 구하기 위해 언제든 할 수 있는 것들입니다. 이 활동들은 아이가 마음속에 있는 분노를 비우고, 집중하고, 무거운 감정의 짐을 덜어주어서 보다 더 타인을 수용할 수 있는 상태가 되게 합니다. 아이는 자신이 느끼는 감정과 무엇이 자신을 화나게 했는지 설명함으로써 어른과의 관계를 발전시킬 준비가 되고, 새롭고 대안적인 해결책을 받아들이는 것에 더욱 열린 자세를 갖게 될 것입니다.

아이의 방 한 쪽에 다음에 언급된 재료들을 준비해둬서 아이가 긴급한 감정 상황에서 언제나 사용할 수 있게 하고, 감정의 여정 속으로 들어갈 때 도움이 되는 도구들을 쉽게 사용할 수 있게 해주세요. 아이는 성장하면서 이런 활동들을 내면화하고 다시 평온을 되찾아야 하는 순간에 마음속으로 그 활동을 할 수 있게 됩니다.

평온함의 병

· 재료 ·

뚜껑이 있는 투명한 병(아이가 쉽게 내용물을 꺼낼
수 있는 작은 병이 좋다), 따뜻한 물,
반짝이가 들어 있는 풀 2스푼, 식용 색소 1방울,
샴푸 또는 투명 비누액 1방울,
다양한 모양과 색깔의 반짝이 4티스푼,
글루건 또는 접착제(선택사항)

· 목표 ·

이 활동은 아이의 집중을 돕고, 불안하거나 화가 날 때 자제력의 회복을 도와서 온전히 혼자서 침착한 상태로 돌아갈 수 있게 합니다.

· 활동 내용 ·

아이와 함께 평온함의 병을 준비합니다. 반짝이 풀의 색깔을 선택합니다. 병에 따뜻한 물을 반쯤 채웁니다. 반짝이 풀을 넣고 섞어줍니다. 식용색소와 샴푸를 넣습니다. 마지막으로 반짝이를 병에 붓고 뚜껑을 닫습니다. 만약 필요하다면 물을 좀 더 넣습니다. 하지만 액체와 뚜껑 사이에 반짝이가 움직일 수 있는 약 4cm 정도의 공간이 있어야 합니다. 더 안전한 밀폐를 위해 글루건이나 접착제를 사용해서 뚜껑을 고정시킬 수 있습니다. 이제 평온함의 병이 준비되었습니다.

아이에게 병을 힘차게 흔들라고 한 다음 반짝이가 어떻게 바닥으로 가라앉고 풀과 섞이는지 함께 관찰합니다. 서두르지 않고 마지막 반짝이 조각이 바닥에 닿을 때까지 인내심을 가지고 지켜봅니다. 아이가 병 속에서 일어나는 움직임에 매료되고 완전히 집중하는 것이 중요합니다. 그런 다음 아이에게 다시 반복하게 합니다. 이번에는 병을 흔드는 동안 숨을 들이쉬고, 반짝이가 가라앉는 동안 아주 천천히 숨을 내쉬게 합니다. 이 활동을 3번

반복합니다.

만약 아이가 만 4세 이상이라면 상상력의 요소를 추가할 수 있습니다. 아이에게 호흡을 하는 동안 반짝이가 그의 생각 속으로 들어와서 색으로 채우고, 그런 다음 머리에서 가슴으로, 그다음은 가슴에서 배에 닿을 때까지 천천히 가라앉는 것을 상상하게 하십시오. 그리고 이렇게 질문합니다. "생각(즉, 병 속 혼합물의 색깔)이 파란색이 된 지금 어떤 기분이 들어?" 아이는 불안하거나 화가 나서 평온함이 필요할 때마다 이 병을 이용할 수 있습니다.

만들고 부수고 다시 만들기

· 재료 ·

다양한 모양의 만들기 블록

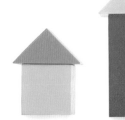

난이도: 낮음

연령: 만 4세 이상

어른의 감독 필요

· 목표 ·

이 활동은 좀 더 큰 아이에게 적합한 것입니다. 이것은 아이가 자신이 원하는 대로 어떤 일이 진행되지 않아서 화가 날 때의 상황을 다룰 수 있게 도와줍니다.

· 활동 내용 ·

때로는 우리가 원하는 대로 일들이 진행되지 않습니다. 때로 우리는 다시 만들기 위해 뭔가를 부숴야 할 때가 있습니다. 이 활동은 아이가 이 경험을 시각화하는 것을 도와줍니다. 아이가 최소한 30개의 블록을 하나씩 쌓아 올려서 만들 수 있는 가장 큰 탑을 만들게 합니다. 이 활동은 매트나 러그가 깔린 바닥에 앉아서 해야 합니다.

만들기(BUILD)

일단 탑이 완성되면 3번 길게 호흡을 하게 한 다음 손으로 탑을 밀치게 합니다. 탑이 무너지면 이제 다시 새로운 것을 만들 때가 된 것입니다. 아이에게 말하십시오. "이제 우리가 한 작은 실패는 지나갔어. 우리는 함께 새로운 것을 만들 수 있어! 이 블록을 이용해서 네가 원하는 것을 다시 만들렴." 아이는 집, 성, 나무, 동물 등 그 순간 가장 만들고 싶은 어떤 것이라도 만들 수 있습니다.

부수기(DESTROY)

다시 만들기(RE-BUILD)

85

분노 날려 보내기

난이도: 낮음

연령: 만 3세 이상

어른의 감독 필요

• 재료 •

10개의 컵케이크용 컵 또는 일반 종이컵

• 목표 •

이 활동은 더 어린 아이들도 분노와 긴장
을 느낄 때 그 상황을 다루고 그 감정을 없
애는 데 도움이 됩니다.

· 활동 내용 ·

컵케이크용 컵 또는 종이컵을 바닥이 위로 가게 해서 탑이나 피라미드 모양으로 쌓아 올립니다. 그런 다음 아이에게 가능한 한 숨을 깊이 들이쉬었다가 세게 불어서 탑을 무너뜨리게 합니다. 아이에게 이렇게 말합니다. "이제 화난 마음을 멀리 불어서 날려 버려!" 아이가 더 편안하게 느끼고 재미있어 할 때까지 이 활동을 여러 차례 반복합니다.

활동을 할 때 아이가 분노에 얼마나 잘 대처하고 얼마나 잘 다루고 있는지, 내면의 분노를 날려버렸을 때 몸이 어떻게 다르게 느껴지는지, 호흡이 긴장감을 다루는 데 얼마나 좋은 방법인지 관찰하게 합니다.

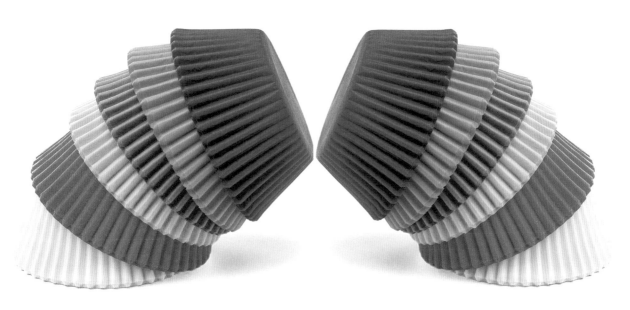

분노 반죽하기

• **재료** • 다양한 색상의 컬러 점토(또는 밀가루와 물), 담을 용기

난이도: 낮음　　만 3세 이상　　어른의 감독 필요

· 목표 ·

이 활동은 어린아이도 몸을 사용해서 감정을 해소할
수 있게 해줍니다. 낮 동안 쌓인 긴장을 풀어주기 위
해 저녁 시간 또는 갈등이나 긴장을 느끼게 하는 일
이 있을 때 하면 좋습니다.

· 활동 내용 ·

아이의 방에서 평평한 작업대 위에 컬러 점토를 배
열합니다. 아이가 점토를 반죽하고, 손으로 그것을
세게 부수고, 긴 호흡과 함께 아이의 활동을 함께 합
니다. 점토가 넓고 납작한 러그 모양이 될 때까지 손
으로 주무르게 합니다. 그런 다음 아이가 "허리케인"
으로 변해서 강한 바람이 물건들을 조각으로 부수고
찢는 것처럼 러그 모양 점토를 조각내고 찢게 하고
그것을 용기 안에 담게 합니다.

　아이에게 어떤 느낌이 드는지, 몸이 어떻게 느껴지
는지에 대해 다음과 같이 질문합니다. "이제 너의 분
노가 0에서 10의 강도 중 어느 정도인지 말해 보렴."
아이의 분노가 완전히 사라질 때까지 이 활동을 반
복하게 합니다.

밀가루를 이용해서 이 활동을 할 수 있습니다. 그릇에 밀가루 몇 컵과 약간의 물을 넣어서 섞고 아이가 반죽할 수 있도록 하면 됩니다. 만약 필요하면 반죽하는 방법을 보여줍니다. 아이가 밀가루 반죽 속에 손을 넣고 그것을 부수었다가, 손에 쥐고 세게 주물렀다가 다시 놓아주는 것을 반복하게 합니다. 그런 다음 가끔 멈추게 하고 다시 반죽을 시작하기 전에 세 번 길게 심호흡을 하게 합니다. 아이가 자신의 분노가 사라진 것을 느끼면 밀가루 반죽으로 원하는 모양을 만들 수 있게 합니다.

부끄러움을 가려주는 가면

•**재료**• 워크시트에 제공된 가면 만들기 페이지, 가위, 노끈

난이도: 낮음

만 3세 이상

어른의 감독 필요

• 목표 •

이 활동은 아이가 부끄러움을 느끼고 다른 사람에게 얼굴을
보이고 싶지 않을 때 안전함을 느낄 수 있는 방법을
알려주는 것입니다.

· 활동 내용 ·

가면을 오립니다. 구멍을 뚫고 노끈을 구멍에 꿰니다. 어른의 감독 아래 아이가 이 과정에 참여할 수 있습니다. 아이에게 부끄러움을 느낀 일이 있으면 이야기해달라고 합니다. 아이에게 그 일이 얼마나 부끄러웠는지 0에서 10의 강도 중에서 선택하게 합니다. 그런 다음 아이에게 가면 중 하나를 쓰게 하고 그 일에 대해 다시 이야기하게 합니다. 아이에게 가면을 쓰고 말했을 때 감정에 어떤 변화가 있는지 질문합니다. 어떤가요? 아이가 덜 부끄럽게 여긴다는 것을 느꼈나요?

안정감을 주는 이불

· 재료 ·

다양한 직물 또는 감성적인 가치를 간직한 오래된 옷, 액체 접착제(또는 바늘과 실), 담요(모든 크기 가능함), 아이가 좋아하는 다양한 이미지(잡지에서 오린 그림, 사진 등), 향수(선택사항)

· 목표 ·

이 활동은 아이가 어둠을 두려워하는 것처럼 무서움을 느끼는 상황 또는 두려운 생각이 일어날 때(분리 불안이나 다른 아이들을 대면해야 하는 두려움 등) 보호, 편안함, 안전함을 되찾을 수 있게 합니다. 담요 만들기 활동은 아이의 소근육 운동 기술 훈련에도 좋습니다. 이것은 그 자체로 두려움에 대처하는 좋은 도구가 될 수 있는데, 아이가 두려움을 느낄 때 이 활동을 하면서 두려움을 없앨 수 있기 때문입니다.

· 활동 내용 ·

아이와 함께 기분 좋은 촉감을 가진 천(벨벳, 플리스, 새틴, 실크 등)이나 감성적인 가치를 간직한 오래된 옷(부모의 옷 등)을 선택합니다. 천이나 낡은 옷 조각을 잘라서 담요 위에 여러 위치에 접착제로 붙입니다. 바느질을 이용해서 붙이는 것을 더 좋아한다면 (그리고 아이가 5세 이상이라면) 잘라낸 조각을 담요에 꿰매어서 붙일 수 있습니다. 일단 접착제가 마르면 담요를 뒤집어서 바닥 위에 폅니다. 담요의 반대쪽 면에 아이가 편안함과 안전함을 느끼는 그림 즉 잡지에서 오린 기분 좋은 모양, 중요한 사진, 그림 등을 접착제로 붙이게 합니다. 마지막으로, 원한다면 담요 위에 아이가 좋아하는 향수를 스프레이로 뿌릴 수 있습니다.

아이가 무서움을 느끼는 상황에 함께 만든 보호해 주는 담요를 두르고 깊이 심호흡을 하게 합니다. 아이가 잘라서 붙인 천 조각을 만지며 심호흡을 하게 합니다. 그리고 아이에게 오려 붙인 그림을 보게 하고, 담요 속에서 안전하다는 생각을 하게 합니다.

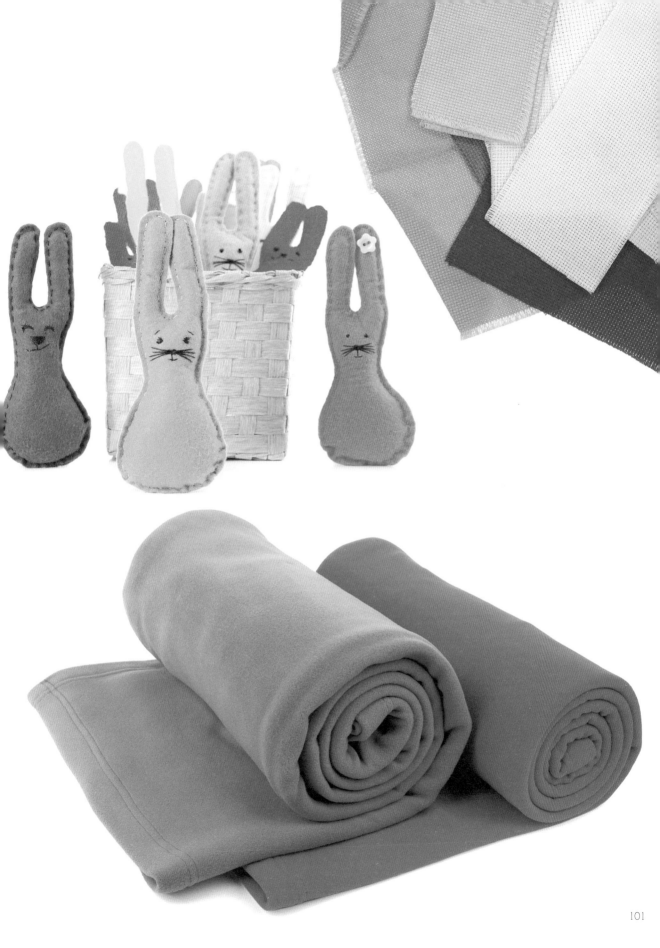

기쁨보드 만들기

난이도: 중간

만 3세 이상

어른의 감독 필요함

· 재료 ·

사진, 감각적으로 기분 좋게 해주는 재료나 물건들
(가족사진, 재미있는 순간을 찍은 사진, 아이가 웃는 사
진, 다양한 색상의 리본, 종, 꽃, 조개껍데기, 반짝이 등),
나무용 접착제, 나무로 만든 보드.

· 활동 내용 ·

먼저, 아이와 함께 기쁨을 주는 사진, 재료, 물건들
을 생각합니다. 그것을 모아서 아이가 보드에 붙이
게 합니다. 완성된 결과물은 아이가 긍정적이고 행
복한 기분을 느끼고 싶을 때 언제든지 와서 볼 수 있
는 다양한 색상의 매우 개인적인 것들로 이루어진 보
드입니다.

· 목표 ·

이 활동은 아이에게 기쁨을 주는 사진,
재료, 물건 등을 탐구하고, 자신의 감
정에 귀를 기울이고, 소근육 운동
기술을 훈련하며 즐거운 시간
을 보내는 것입니다.

평온보드 만들기

· 재료 ·

감각적으로 기분 좋은 느낌을 주고, 아이에게 평온함을 주는 재료들, 나무로 만든 보드, 나무용 접착제

· 목표 ·

이 활동은 아이가 평온함을 느끼게 하는 것들을 발견하고, 자신의 감각에 귀를 기울이도록 하는 것입니다. 평온함은 아이가 감정적인 긴장 상태일 때, 불안할 때, 안절부절못할 때 도움이 됩니다. 이 활동은 또한 아이의 소근육 운동 기술을 위한 좋은 훈련입니다.

· 활동 내용 ·

먼저, 아이와 함께 가족사진, 재미있는 순간, 아이들의 웃음소리, 다양한 색상의 리본들, 작은 종, 반짝이 등 아이에게 편안함을 주는 효과가 있는 그림, 물건, 소리, 향기, 촉감을 생각합니다. 꽃, 조개껍데기, 나뭇잎처럼 자연에서 찾아볼 수 있는 것이나 정서적인 가치를 가진 그림이나 물건이 될 수 있습니다. 또 아이의 마음에 평온함을 주는 구멍이 있는 단추, 묶을 수 있는 레이스, 열고 닫을 수 있는 지퍼, 누를 수 있는 버튼 등 손으로 단순한 동작을 할 수 있는 것들도 포함할 수 있습니다.

그런 다음, 아이와 함께 생각한 재료들을 모으고, 모은 재료 또는 재료의 일부를 보드에 붙입니다.

활동의 결과물은 아이가 평온함과 마음의 편안함을 찾고 싶을 때 언제든지 가지고 놀 수 있는 다양하고 개인적인 것들로 가득한 나무판입니다.

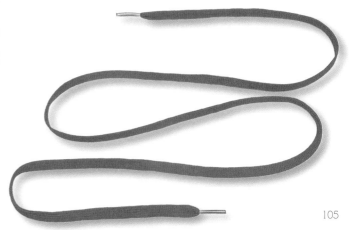

불쾌함의 슬라임 만들기

· 재료 ·

작은 냄비, 내열 용기, 옥수수 전분 1컵(130g), 식용 색소 1스푼

· 목표 ·

이 활동은 반죽 같은 점성의 슬라임을 만들어서 불쾌감의 반응을 갖게 하는 것입니다. 슬라임을 가지고 놀면서 아이는 불쾌함의 감각과 그것에 대한 반응을 알 수 있게 됩니다.

난이도: 중간

만 4세 이상

어른의 감독 필요함

· 활동 내용 ·

1컵(250㎖)의 물을 냄비에 넣고 불에 올려 끓기 직전까지 가열합니다. 물을 그릇에 따르고 옥수수 전분을 조금씩 넣어줍니다. 반죽이 밀도가 생길 때까지 저어줍니다. 식용 색소를 첨가합니다. 반죽을 작업대 위로 옮겨서 아이가 주무르게 합니다.

이 슬라임은 천연성분으로만 만들어졌기 때문에 가게에서 구입하는 슬라임보다 수분이 더 적을 수 있지만 아이에게 더 안전하고 건강합니다. 아이가 슬라임을 반죽할 때 다음과 같이 질문합니다. "어떤 느낌이 들어?" 아이와 함께 슬라임을 주인공으로 해서 이야기를 만들어 보십시오. 예를 들면 끈적거리는 작은 유령 이야기가 될 수도 있겠지요. 또는 다른 가족들이 불쾌함의 감각을 어떻게 표현하는지 시험하기 위해 불쾌함의 슬라임 요리를 '대접'해 봅니다.

슬픔의 발자국

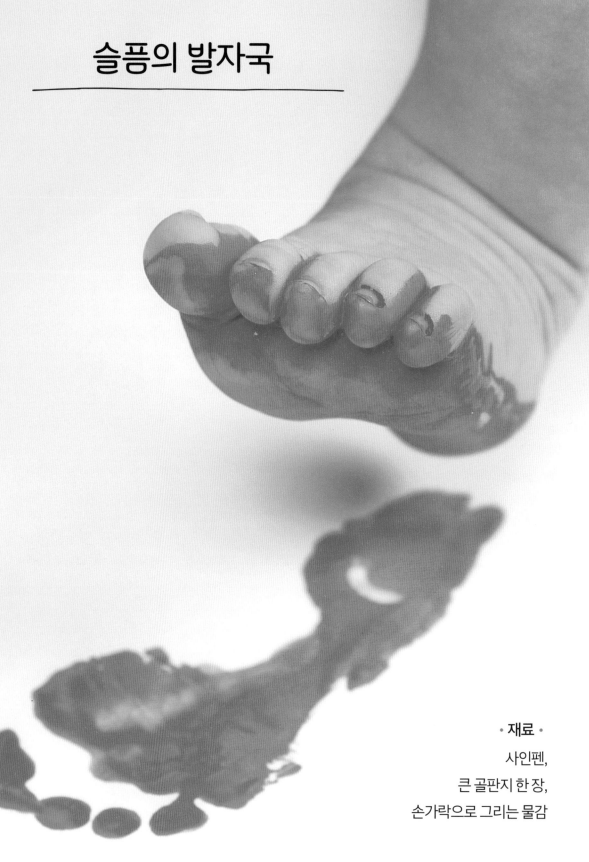

• 재료 •

사인펜,
큰 골판지 한 장,
손가락으로 그리는 물감

난이도: 중간

만 4세 이상

어른의 감독 필요

· **목표** ·

이 활동은 아이가 부정적인 생각으로 인해 낙심하거
나 우울할 때 할 수 있는 것입니다. 아이는 두려움 없
이 슬픔을 경험하고 부정적인 느낌을 떨쳐버리는 것
을 배우게 됩니다.

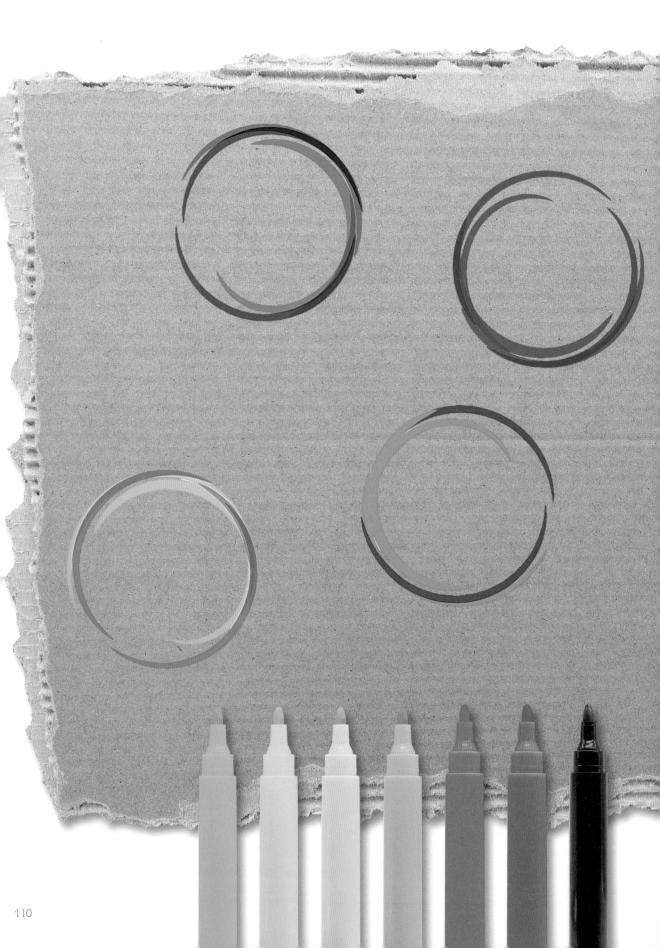

• 활동 내용 •

사인펜을 이용하여 골판지에 여섯 개의 큰 동그라미를 그립니다. 골판지를 바닥에 놓고 아이를 골판지 앞에 놓인 의자에 앉게 합니다. 물감을 이용해서 아이가 좋아하는 색을 아이의 발바닥을 칠합니다.

아이에게 골판지 위에 그린 첫 번째 동그라미 위에 발을 딛게 합니다. 그리고 아이가 느끼는 부정적인 감정의 이름을 말하게 합니다. 다음으로 아이에게 첫 번째 동그라미에 그 부정적인 감정을 버려두고 다음 동그라미로 살짝 점프하게 합니다. 아이가 두 번째 동그라미에 섰을 때 다음과 같이 질문합니다. "새로운 동그라미로 점프를 하니까 어떤 느낌이 들어?" 아이에게 다른 부정적인 생각이나 느낌을 물어보고 다음 동그라미로 점프하게 합니다. 그것을 계속합니다. 아이가 모든 동그라미를 다 점프해서 건넜을 때 뒤에 있는 동그라미들 속에 남겨진 슬픔의 발자국들을 보고 어떤 느낌이 드는지 질문합니다.

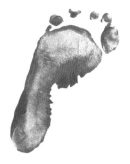

스트레스 풍선 :
화를 가라앉히는 작은 풍선

· 재료 ·

밀가루, 빵가루, 모래 또는 점토,
다양한 색깔의 작은 풍선들,
작은 병 1개(선택사항),
꾸미기 재료(사인펜, 실, 액체 접착제 등)

난이도: 낮음

만 3세 이상

어른의 감독 필요

・목표・

스트레스 풍선은 아이가 긴장하거나 화가 났을 때 유용합니다. 부정적인 감정을 해소하고 그런 감정을 과도하게 느끼는 것을 방지합니다.

・활동 내용・

아이와 함께 풍선에 밀가루(또는 빵가루나 모래처럼 반죽할 수 있는 재료나 점토)를 채웁니다.

이 단계를 더 쉽게 하려면 밀가루를 작은 병에 넣은 다음 병의 입구를 풍선으로 씌우고 밀가루를 풍선 속에 붓습니다. 아이가 스트레스 풍선을 장식하게 합니다. 예를 들어 풍선에 얼굴 모양을 그리거나 실을 머리카락처럼 보이도록 풍선 윗부분에 붙입니다.

아이가 스트레스 풍선을 손으로 만지고, 꼭 쥐고, 던졌다가 받으면서 놀게 합니다.

아이에게 숨을 깊이 들이쉬면서 동시에 풍선을 꼭 쥐게 하고, 쥐었던 풍선을 놓을 때 숨을 내쉬게 합니다. 그렇게 세 번 숨을 들이쉬고 내쉰 후에 손의 근육이 어떻게 느껴지는지 아이에게 묻습니다.

이것은 아이가 자신의 신체적인 상태와 호흡을 하며 풍선을 만질 때 일어나는 변화를 인식하게 합니다.

아이에게 긴장되거나 화가 날 때, 주먹이나 손바닥으로 때리고 싶을 때, 감정을 해소하기 위해 손을 사용하고 싶을 때 언제나 이 활동을 반복할 수 있다고 말해줍니다.

감정 조절 주사위

· 재료 ·

워크시트에 제공된 네 개의 주사위 만들기 페이지, 가위, 풀

난이도: 낮음　만 4세 이상　어른의 감독 필요

· 목표 ·

이 활동은 아이와 행동 그리고 통제되지 않는 감정을 다루는 전략에 관한 대화를 시작하는 간단한 방법을 제공합니다. 아이가 당신이 옆에 없을 때 느끼는 슬픔, 분노, 두려움, 부끄러움의 순간을 어떻게 대처할지 기억할 수 있게 해주는 작은 주사위를 이리저리 굴려보게 합니다.

· 활동 내용 ·

페이지에 나오는 대로 주사위 전개도를 잘라서 서로 닿는 면을 풀로 붙입니다. 각각의 주사위는 감정과 관련돼 있습니다. 빨간색 주사위는 분노, 파란색 주사위는 슬픔, 초록색 주사위는 두려움, 노란색 주사위는 부끄러움입니다. 주사위의 각 면에는 감정을 통제할 수 없을 때 할 수 있는 동작들이 그려져 있습니다.

주사위에 그려진 얼굴들을 아이와 함께 하나씩 살펴보고 각각의 행동을 설명합니다. 아이에게 네 가지 감정(분노, 슬픔, 두려움, 부끄러움)을 느꼈던 순간을 생각해보도록 합니다. 그런 다음 아이에게 그 감정에

해당되는 주사위를 던지고 어떤 행동이 그려진 면이 나오는지 보게 합니다. 아이와 함께 그 감정을 느끼는 상황에 주사위에 그려진 행동을 할 수 있는지 토론합니다. 그런 다음 다른 감정으로 옮겨서 이 연습을 반복합니다.

이 활동은 감정 조절 전략의 방법들을 추가해서 확장할 수 있습니다. 더 많은 주사위를 만들고 아이와 함께 각 면에 어떤 행동을 그릴지 정합니다. 더 큰 아이들과 함께 이 활동을 할 때는, 힘든 감정을 느낄 때 아이가 반복할 행동을 단어나 문장으로 주사위에 적어서 할 수 있습니다.

감정 인형 친구 만들기

 난이도: 높음

 만 4세 이상

 어른의 감독 필요

· 재료 ·

천(낡은 티셔츠 또는 침대보)으로 된
직경 20cm의 원 2개,
다른 색깔의 천으로 된 직경 40cm의 원 2개,
바늘과 실, 솜 또는 부드러운 천,
장식을 위한 재료(접착제, 단추, 마커, 실, 폼폼),
향수(선택사항)

· 목표 ·

낙심하고, 약하게 느껴지고, 상처받고, 좌절하고, 화가 날 때 우리의 감정에 대한 이야기를 들어주고 수용해주는 누군가가 있다면 그것은 큰 도움이 됩니다. 하지만 그러한 믿을 만한 사람이 언제나 우리 옆에 있을 수는 없습니다. 그럴 때 사람 대신 인형이 아이의 이야기를 들어주는 것처럼 느낄 수 있습니다. 아

이는 인형을 어디든지 가지고 다니며 어른이 옆에 없을 때 인형에게 자신의 감정을 이야기할 수 있습니다. 인형 만들기는 아이의 소근육 운동 기술 훈련에 도움이 됩니다. 특히 아이가 바느질할 수 있는 나이가 되었다면 더욱 효과적입니다.

· 활동 내용 ·

인터넷에는 예쁜 인형을 만드는 방법이 많이 나와 있습니다. 이 책에서는 어린아이도 할 수 있는, 아이의 그림을 연상시키는 모양의 부드럽고 둥근 인형을 만드는 매우 쉽고 빠른 방법을 안내하고 있습니다.

더 작은 원 모양의 천 두 개를 함께 놓고 원의 둘레를 정돈합니다. 마커로 원의 둘레에 점을 찍습니다.

점을 따라 천의 가장자리를 바느질로 꿰맵니다. 꿰매지 않은 곳을 약간 남겨둡니다. 아이가 바느질을 할 수 있을 만큼 자랐다면 직접 해보도록 하세요.

이제 주머니 모양이 만들어졌을 것입니다. 주머니를 솜으로 채운 다음 꿰매지 않은 곳을 마저 꿰매거나 접착제로 붙입니다. 이것은 인형의 얼굴이 됩니다. 인형의 몸을 만들 더 큰 원 모양 천도 같은 과정을 반복합니다.

아이와 함께 얼굴과 몸을 장식합니다. 눈은 매우 중요하고 크게 만들어야 합니다. 눈은 그릴 수도 있고 둥근 흰자위 위에 튀어나온 동그란 검은 눈동자가 올려져 있는 플라스틱 눈동자를 접착제로 붙일 수도 있고 단추를 꿰매서 눈을 만들 수도 있습니다. 코, 입, 귀를 그립니다. 실을 사용해서 머리카락을 만듭니다. 인형의 몸 부분에 색칠을 하거나 단추를 다는 등 원하는 대로 장식합니다. 인형의 손과 발을 만들기 위해 몸 부분에 폼폼을 접착제로 붙입니다.

마지막으로 머리와 몸을 접착제를 이용하거나 바느질로 붙입니다. 원한다면 아이에게 중요한 의미가 있는 향수를 몇 방울 떨어뜨립니다. 아이가 인형에 현실감을 느낄 수 있도록 인형에 이름을 붙이고 인형의 성격을 상상하게 합니다. 인형의 이름을 몸의 한 부분에 적습니다. 인형이 아이의 일상의 일부가 되게 합니다. 아이가 힘들었던 순간에 대해 인형에게 이야기하고 스트레스를 받았을 때 안아주게 합니다.

감정 바구니

· 재료 ·

종이 몇 장, 연필과 사인펜, 작은 바구니들

(또는 뚜껑 있는 유리병이나 작은 상자)

난이도: 낮음

만 4세 이상

어른의 감독 필요

· 목표 ·

이 활동은 아이가 감정을 인식하고, 글로 쓰거나 그림으로 그리게 하고 그것을 아이와 함께 나누면서 감정을 경험하고 수용하는 것을 가르칩니다.

· 활동 내용 ·

아이가 종이와 연필을 이용해서 특정한 감정을 느꼈던 날 일어난 일에 대해 쓰거나 그리게 합니다. 아이가 자신을 화나게 했던 말다툼이나 슬픔의 순간 또는 기쁨을 가져다준 성공 경험에 대해 쓰거나 그리는 것을 옆에서 도와줄 수 있습니다. 그런 다음 아이에게 종이를 접어서 바구니에 넣게 합니다. 또 아이가 느낀 가장 강력한 감정과 고통스러운 감정을 담을 바구니를 준비해서 아이의 감정을 더 잘 이해하고 진정시키는 도구로 사용할 수 있습니다.

편안함을 주는 컬러링

• 재료 •

워크시트에 제공된 흑백 만다라 페이지,
색칠 도구(크레용, 사인펜, 수채화 물감 등)

• 목표 •

이 활동은 집중을 돕고 마음에 편안함을 가져다줍니다.

· 활동 내용 ·

색칠은 확실히 집중, 편안함, 자기 성찰을 돕는 최고의 활동 중 하나입니다. 연필이나 붓으로 종이를 누르는 행동은 긴장을 풀어줍니다. 색깔 선택은 감정 표현을 돕고, 오랫동안 색을 칠하는 활동은 마음을 현재에 머물게 합니다.

이 활동이 다양한 감정 상황을 다루는 데 적합하다는 것은 놀라운 일이 아닙니다.

특히 아이가 흥분해 있고 감정의 균형을 되찾아야 할 때 이 활동을 하면 좋습니다. 예를 들면 격렬한 신체 놀이를 한 다음, 잠자리에 들기 전에 아이를 차분하게 만들기 위해 이 활동을 할 수 있습니다.

또는 아이가 불안해하거나 걱정할 때 만다라를 색칠하면 머릿속의 부정적인 생각을 멈추는 데 도움이 됩니다.

이 활동은 아이가 화가 나거나 슬플 때도 감정을 진정시키는 데 도움이 되는데, 밝은 색을 칠하면 아이의 마음이 긍정적인 이미지를 가지게 됩니다.

아이는 자신의 감정 상태에 따라 즉흥적으로 선택하기 때문에 책 뒤에 제공된 다양한 만다라 그림 중에서 아이가 원하는 것을 고르게 합니다.

사인펜, 수채화 물감, 크레용 등 다양한 색칠 도구를 준비하고 아이가 기분에 따라 원하는 도구를 선택하게 합니다.

몬테소리
감정의 기술

초판 1쇄 인쇄 2021년 12월 20일
초판 1쇄 발행 2022년 1월 14일

지은이 키아라 피로디
옮긴이 우미정
펴낸이 양학민

디자인 엔드디자인

펴낸곳 파이어 스톤
출판등록 2021년 7월 2일 제2021-000129호
주소 10388 경기도 고양시 일산서구 대산로 123, 현대프라자 3층 301-3D4
전화 031.911.6022   팩스 0508.927.0107
이메일 firestone.hit@gmail.com

ISBN 979-11-976797-0-4 03590

이 책의 한국어판 저작권은 레나에이전시를 통해 저작권자와 독점계약을 맺은 파이어스톤에 있습니다.
저작권법에 의해 한국 내에서 보호를 받는 저작물이므로 무단 전재와 복제를 금합니다.

이 책 내용의 전부 또는 일부를 재사용하려면 반드시 저작권자와
파이어스톤 양측의 서면에 의한 동의를 받아야 합니다.

*잘못 만들어진 책은 구입하신 서점에서 교환해드립니다.

부록

감정 표현 놀이
워크시트

다음은 책에 나온 활동을 직접 해볼 수 있게 제공된 자료입니다.

- 점토로 감정 표현 재현해보기 활동에 사용할 얼굴 모양 그림
- 책의 '감정 이해하기' 부분에 나오는 모든 활동에 사용할 수 있는
  14개의 감정 카드
- 부끄러움을 가려주는 가면 활동을 위한 6개의 동물 가면
- 감정 조절 활동을 위한 4개의 주사위 전개도
- 감정 균형 찾기를 위한 만다라 그림

감정 표현 재현해보기(56쪽의 활동)

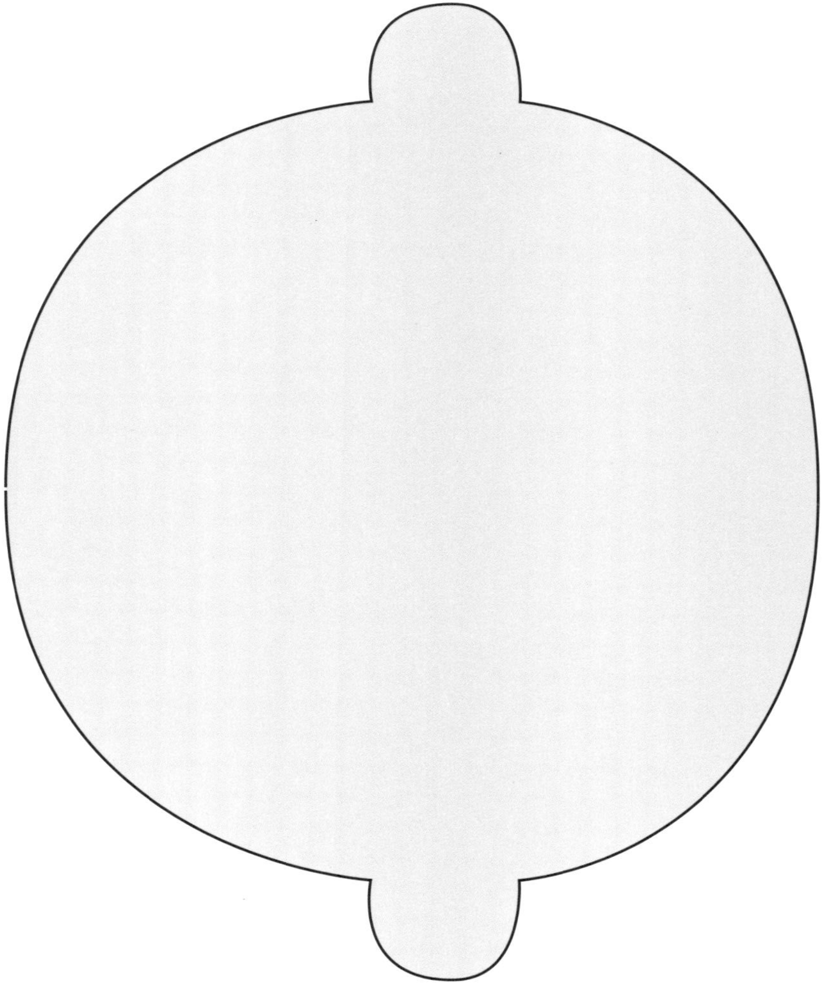

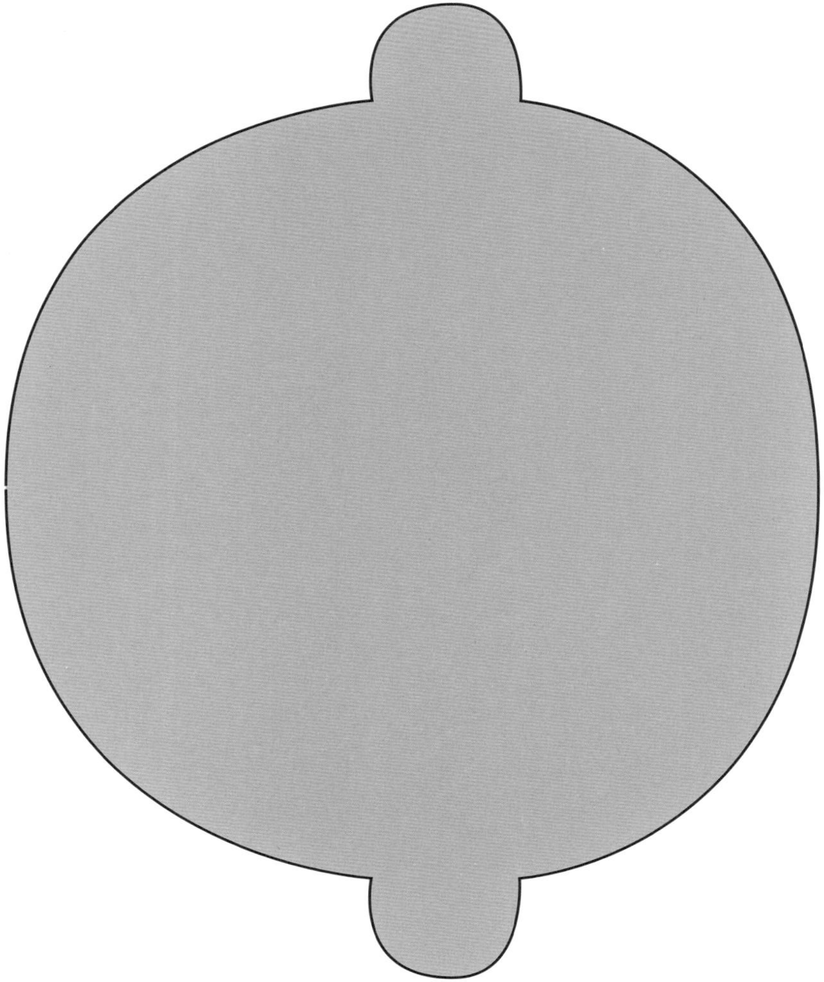

감정 카드

이 카드들은 아이가 얼굴과 몸으로 표현되는 감정을 인식하는 데 도움이 됩니다.

각각의 몸 카드에 표현된 특징을 살펴보고 몸의 각 부분이 어떤 자세를 취하고 있는지 관찰합니다. 팔은 몸 가까이에 있나요? 팔은 벌려져 있나요? 위로 들려졌나요? 손은 펴고 있나요? 주먹을 쥐고 있나요? 아니면 얼굴 쪽으로 올리고 있나요? 어깨는 어떤가요? 구부러졌나요? 아니면 이완된 상태인가요? 다리는 붙이고 있나요? 달릴 준비를 하고 있나요? 아니면 점프하려고 하나요? 각기 다른 자세들을 따라 해봅니다. 특정한 자세를 취할 때 그것은 어떤 감정을 표현하나요? 이제 얼굴 카드로 같은 활동을 해보세요. 눈, 코, 입 또는 눈썹은 어떻게 생겼나요? 코, 입 또는 눈썹이 특정한 위치에 있을 때 그것은 어떤 감정을 표현하고 있나요? 마지막으로 같은 감정을 표현하는 얼굴 카드와 몸 카드를 조합해봅니다. 카드 테두리의 색깔이 힌트입니다. 기쁨을 나타내는 카드의 테두리는 분홍색이고, 슬픔을 나타내는 카드는 파란색, 분노를 나타내는 카드는 빨간색, 두려움을 나타내는 카드는 초록색, 놀람을 나타내는 카드는 주황색, 부끄러움을 나타내는 카드는 노란색, 불쾌감을 나타내는 카드는 보라색입니다.

기쁨

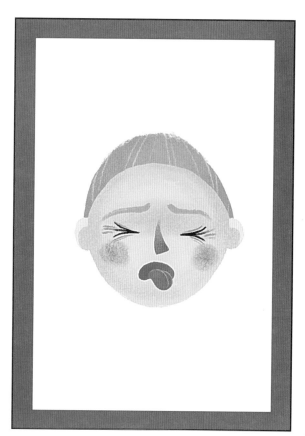

139

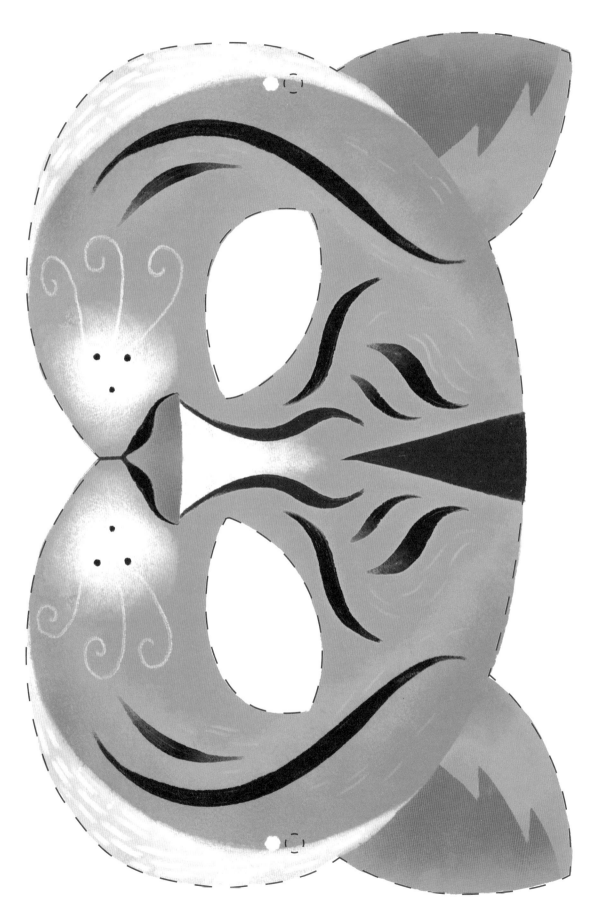

부끄러움을 가려주는 가면 (94~97쪽의 활동)

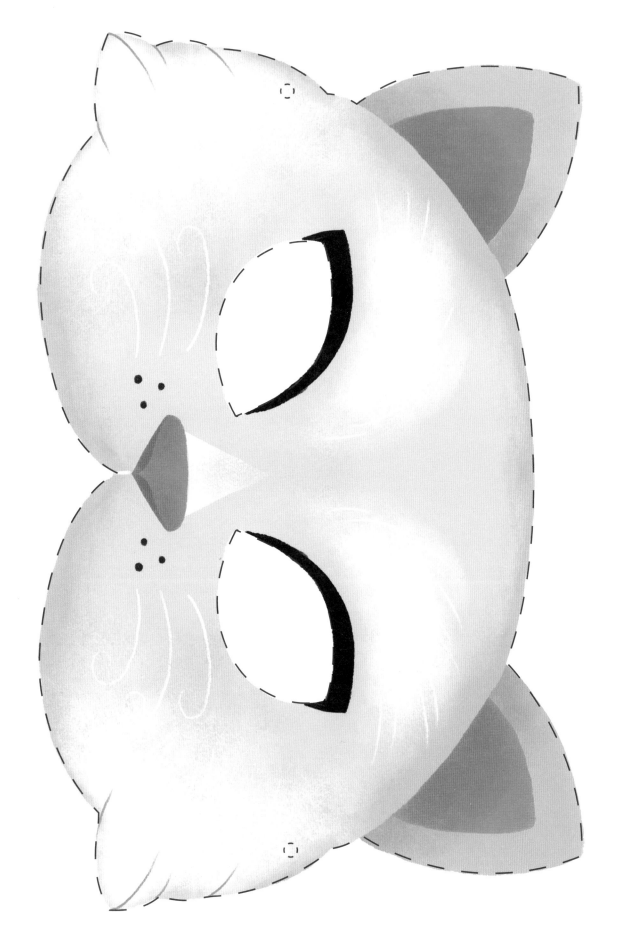

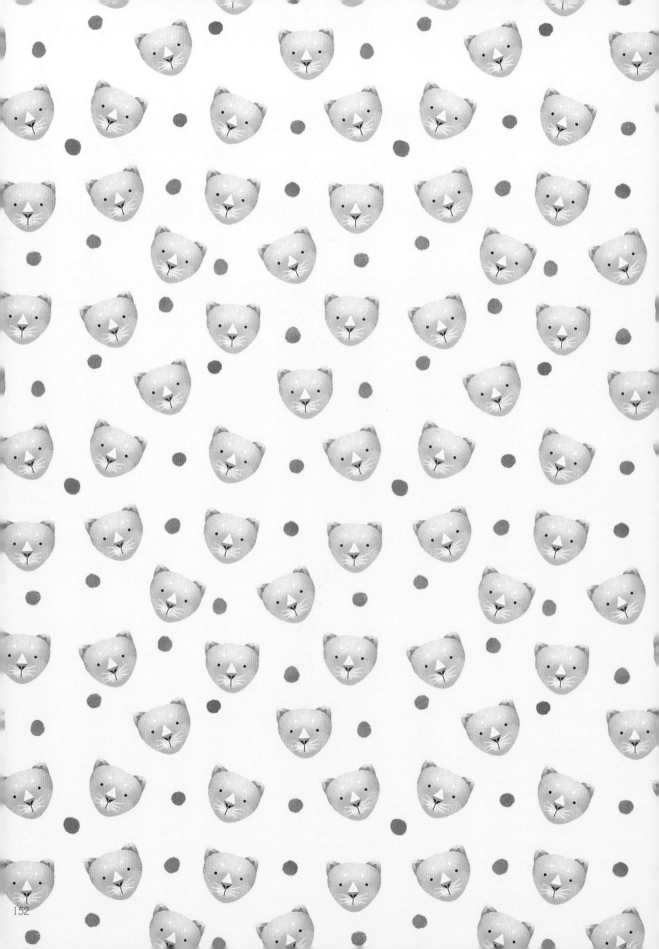

감정 조절 주사위
(114~115쪽의 활동)

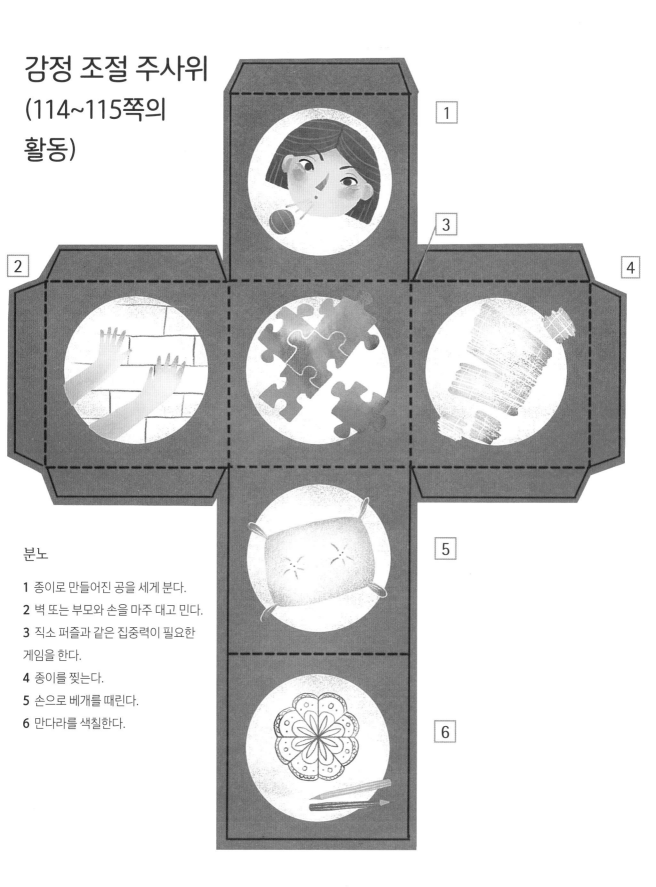

분노

1 종이로 만들어진 공을 세게 분다.
2 벽 또는 부모와 손을 마주 대고 민다.
3 직소 퍼즐과 같은 집중력이 필요한 게임을 한다.
4 종이를 찢는다.
5 손으로 베개를 때린다.
6 만다라를 색칠한다.

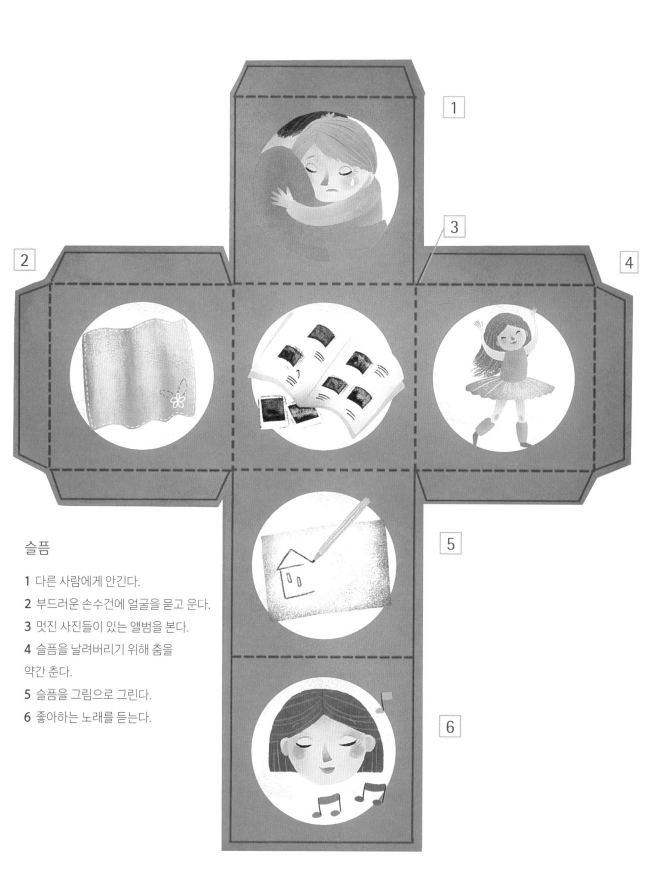

슬픔

1 다른 사람에게 안긴다.

2 부드러운 손수건에 얼굴을 묻고 운다.

3 멋진 사진들이 있는 앨범을 본다.

4 슬픔을 날려버리기 위해 춤을
약간 춘다.

5 슬픔을 그림으로 그린다.

6 좋아하는 노래를 듣는다.

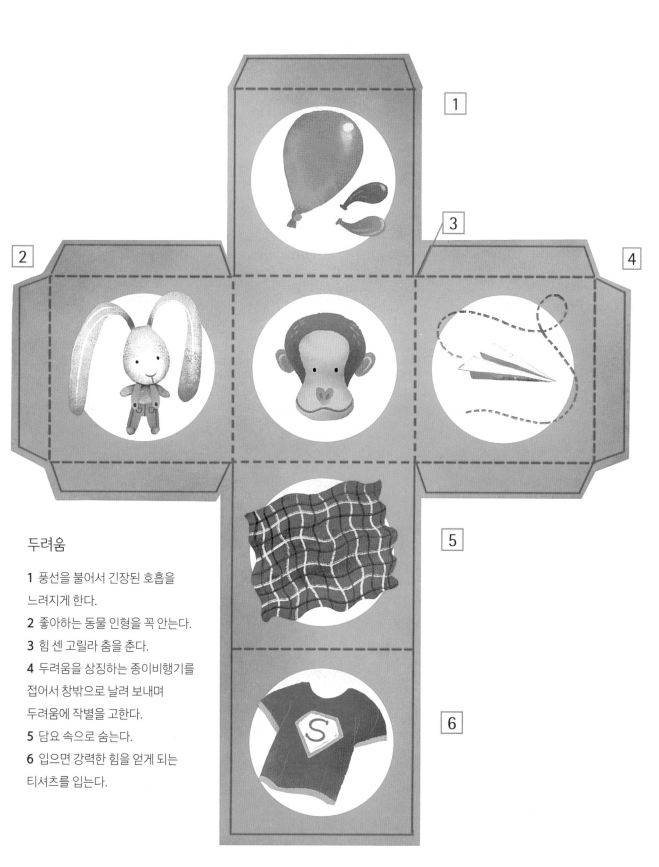

두려움

1 풍선을 불어서 긴장된 호흡을 느려지게 한다.

2 좋아하는 동물 인형을 꼭 안는다.

3 힘 센 고릴라 춤을 춘다.

4 두려움을 상징하는 종이비행기를 접어서 창밖으로 날려 보내며 두려움에 작별을 고한다.

5 담요 속으로 숨는다.

6 입으면 강력한 힘을 얻게 되는 티셔츠를 입는다.

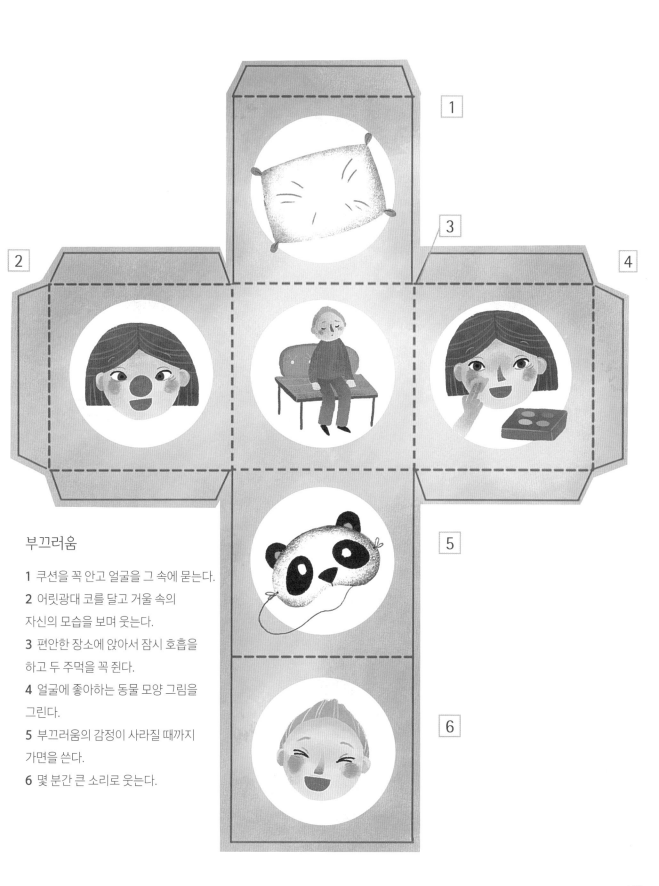

1

3

2

4

5

6

부끄러움

1 쿠션을 꼭 안고 얼굴을 그 속에 묻는다.

2 어릿광대 코를 달고 거울 속의
자신의 모습을 보며 웃는다.

3 편안한 장소에 앉아서 잠시 호흡을
하고 두 주먹을 꼭 쥔다.

4 얼굴에 좋아하는 동물 모양 그림을
그린다.

5 부끄러움의 감정이 사라질 때까지
가면을 쓴다.

6 몇 분간 큰 소리로 웃는다.

만다라 컬러링(124~125쪽의 활동)